漫畫科學講堂

看物理學家如何提出今日自然課本裡的定律與真理

作者：龜　翻譯：李彥樺　審訂：簡麗賢 臺北市立第一女子高級中學物理教師

數學是物理的語言
這是十七世紀科學家伽利略・伽利萊的名言。
相信有很多人是因為看不懂數學或物理公式，
才變得討厭物理吧？
$h=\frac{1}{2}gt^2$
$\nabla\times\vec{E}=-\frac{\partial\vec{B}}{\partial t}$
但是公式並不是物理的本質。
科學家研究自然現象，不斷實驗，找出規律，
並且運用數學解釋其精髓，最後才歸納成公式。
$F=ma$
$E=mc^2$

前言

為了讓大家更進一步了解物理，
本書將會介紹一些科學家的人生哲學和觀念。
雖然也提到了一些數學和物理公式的問題，但我在框框外作了像這樣的記號，代表可以跳過不讀。
伽利略、牛頓……
法拉第、愛因斯坦……
這些科學家各有不同的人生經歷，
有人吃了很多苦，有人很高傲，有人則受到打壓……
請抱著看故事的心情，看看他們發現了哪些物理現象。

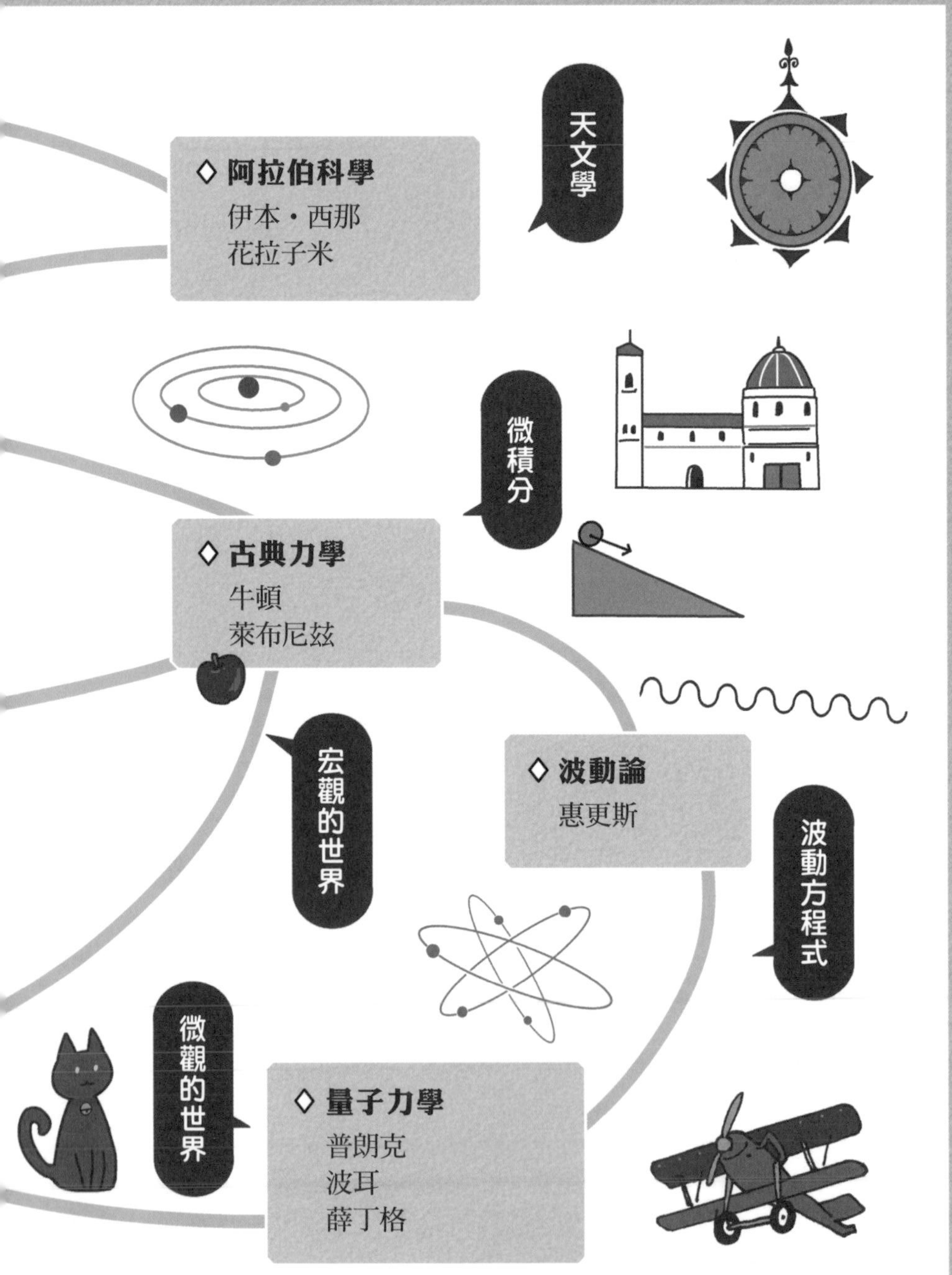
◇ 阿拉伯科學
伊本・西那
花拉子米
天文學
微積分
◇ 古典力學
牛頓
萊布尼茲
宏觀的世界
◇ 波動論
惠更斯
波動方程式
微觀的世界
◇ 量子力學
普朗克
波耳
薛丁格

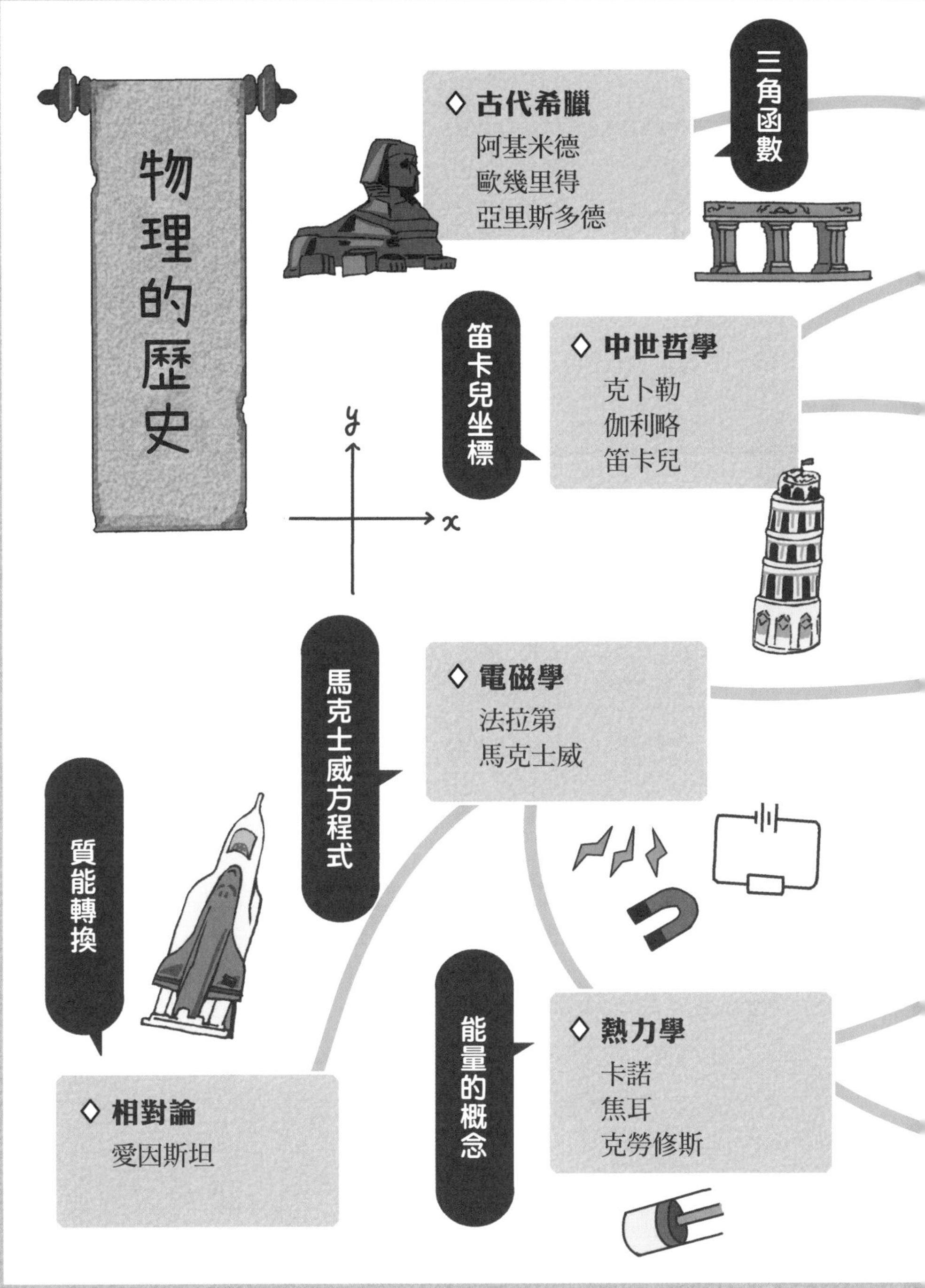
物理的歷史
◇ 古代希臘
阿基米德
歐幾里得
亞里斯多德
三角函數
◇ 中世哲學
克卜勒
伽利略
笛卡兒
笛卡兒坐標
y
x
◇ 電磁學
法拉第
馬克士威
馬克士威方程式
◇ 熱力學
卡諾
焦耳
克勞修斯
能量的概念
◇ 相對論
愛因斯坦
質能轉換

目次

第1堂 力學——物體受力會產生什麼變化？ 9

主要登場人物
亞里斯多德
伽利略
牛頓
虎克
哈雷
萊布尼茲

第2堂 波動論——光是波動還是粒子？ 37

主要登場人物
牛頓
惠更斯
愛因斯坦
都卜勒

第3堂 電磁學——通電就會變磁鐵！ 53

主要登場人物
法拉第
戴維
伏特
安培
弗萊明
馬克士威

第4堂
熱力學——「熵」是什麼意思？ 73

主要登場人物
克勞修斯　卡諾　焦耳　克耳文
馬克士威　波茲曼
題外話　吉布斯

第5堂
量子力學——神也會擲骰子？ 99

主要登場人物
普朗克　波耳　湯姆森　拉塞福
薛丁格　波恩　愛因斯坦
題外話　包立　派斯

第6堂
相對論——飛行速度達到光速會怎樣？ 133

主要登場人物
愛因斯坦
題外話　狄拉克

旁白

龜

科學小專欄①

古希臘的天文學家阿里斯塔克斯，早就提出過「地動說」了。比伽利略的地動說還早了兩千年。

第 1 堂

力學

——物體受力會產生什麼變化？

一開始，我想先說一點很久以前的故事。
古代的幾何學，
是由一群希臘哲學家所整理出來的學問。
因為有奴隸做事，我每天都很閒。
但是這些哲學家的著作，大部分都隨著時代而佚失了。
我明白了！
畢竟沒有哲學，人還是能過活。
BIBLE
後來伊斯蘭王朝蒐集這些著作，翻譯成了阿拉伯文，保管在圖書館內。
現在許多英文的科學用語是從阿拉伯文而來，例如酒精、煉金術*等。

＊酒精 alcohol 是由阿拉伯文 al-kuhl 而來；煉金術 alchemy 則由 al-kimya 而來。

這些翻譯成阿拉伯文的希臘哲學傳回歐洲，與基督教神學融合，就成了經院哲學*。
哇！這些是凝聚古人智慧的超級教科書。

＊經院哲學：中世紀的教會哲學，用邏輯和哲學方法討論教義，設法調和理性和信仰間的衝突。

因為經院哲學太過優秀，形成難以撼動的典範。
不准質疑！
地球就是宇宙的中心。

經院哲學的束縛……
用力

後來終於被近代科學掙脫。
啪！

伽利略、笛卡兒等人提倡以實驗為依據的科學精神，然後牛頓就登場了。
不過這是後來的事，先讓我賣個關子吧！

古代希臘學者亞里斯多德（西元前384～322年）。
這個人為所有學問，包含哲學和科學在內，建立完整的體系。
亞里斯多德到希臘的學校「柏拉圖學院」就讀，
院長柏拉圖給了他這樣的評語：
一般學生，我得督促他們前進，但這位學生，反而得放慢他的速度。
柏拉圖院長一定會選你當繼承人吧！
然而，柏拉圖最後卻讓愚笨的侄子繼承學院。
錯愕！
這決定不錯。

失望的亞里斯多德離開學院，成為尚未繼承王位的亞歷山大的老師。
請仔細觀察月亮的盈虧，
這其實是太陽將地球的影子，映照在月球上所導致的。
所以說，地球絕不可能是平的。

※這說法其實也不正確，被後人推翻。

還有，有些星星在這裡看得到，位於南邊的埃及卻看不到。
這證明地球其實沒有我們想像的那麼大。
看得見
看不見
Earth
既然沒那麼大，征服世界應該不困難吧？
這我就不知道了。
亞里斯多德的學問在後世被視為絕對的權威，
但本人其實是位思想非常先進的科學家。
以上就是關於亞里斯多德的故事。
唉！我從來沒叫人囫圇吞棗的相信我的理論。
唔……
只能怪你太偉大了。

開創近代科學新局面的義大利物理學家伽利略・伽利萊（1564～1642年）。
然而他卻因為宣揚地動說*，而遭受宗教審判。

＊地動說：又稱「日心說」是地球繞日的學說。在地動說之前，世人普遍相信地球是宇宙的中心。

當時的學問主要分為兩大體系。
聖經（神學）
亞里斯多德學
那時代的人重視背誦典籍知識，
更勝於探索新的知識。
麻煩的問題還不只這個……
沒有貴族肯出錢讓我去研究天文學，我只好以占星術的名義進行研究。
克卜勒
我懂！我懂！
在現代，國家會提供資金給科學家進行研究，
但以前的科學家就沒那麼幸運了。

伽利略的家族在義大利的托斯卡尼地區有著相當悠久的歷史。
你是伽利萊（複數形）家族的一分子，所以應該自稱為伽利略（單數形）。
這很重要嗎？
去讀大學，回來當個醫生。
呃！好。
大學裡有很多科目只需要背誦。
亞里斯多德曾說過「較重的物體掉落速度較快」。
但我總覺得應該不是這樣……
大家真的求證過了嗎？
不同重量的球，在斜面上滾動的速度幾乎相同。
在擺動幅度不大的前提下，就算改變擺動幅度，單擺的週期也不會改變。
擺動幅度不大時
$T = 2\pi\sqrt{\frac{l}{g}}$

就在這時，他遇見了跟隨在大公爵身旁的數學家里奇。
我借你這些書吧！
這上頭的學問雖然在大學不受重視，但應該會對你有所幫助。
書中闡述的是古希臘學家歐幾里得的幾何學和阿基米德的學問。
這比哲學或醫學有趣多了。
至少我可以親眼確認原理。
父親得知後，狠狠罵了他一頓。
學醫就好！
別這麼生氣嘛！
現在軍隊很需要數學家，完全不用擔心將來的收入。
是嗎？
既然接受大公爵資助的老師也這麼說……
而且這孩子不喜歡與人往來，是當不來醫生的，不如當個數學家。
講這樣好像有點失禮。

伽利略放棄當醫生之後的人生：
①比薩大學教授……年薪六十斯庫多幣。
②帕多瓦大學教授……年薪一千弗羅林幣，足以養活一家。
③成為托斯卡納大公爵身邊的數學家，這與里奇的職業相同。
總之，他的職涯還算順遂。
你看，我發明了軍事用的圓規，能用來決定大砲的角度和火藥的量。
噢噢！
接著我又發明了望遠鏡！
噢噢噢！
咦！可是望遠鏡不是已經被發明出來了嗎？
這可是二十倍的望遠鏡，精準度是世界第一！
當成發明才能賣錢啦！你就別管那麼多了。
你還真正直啊！

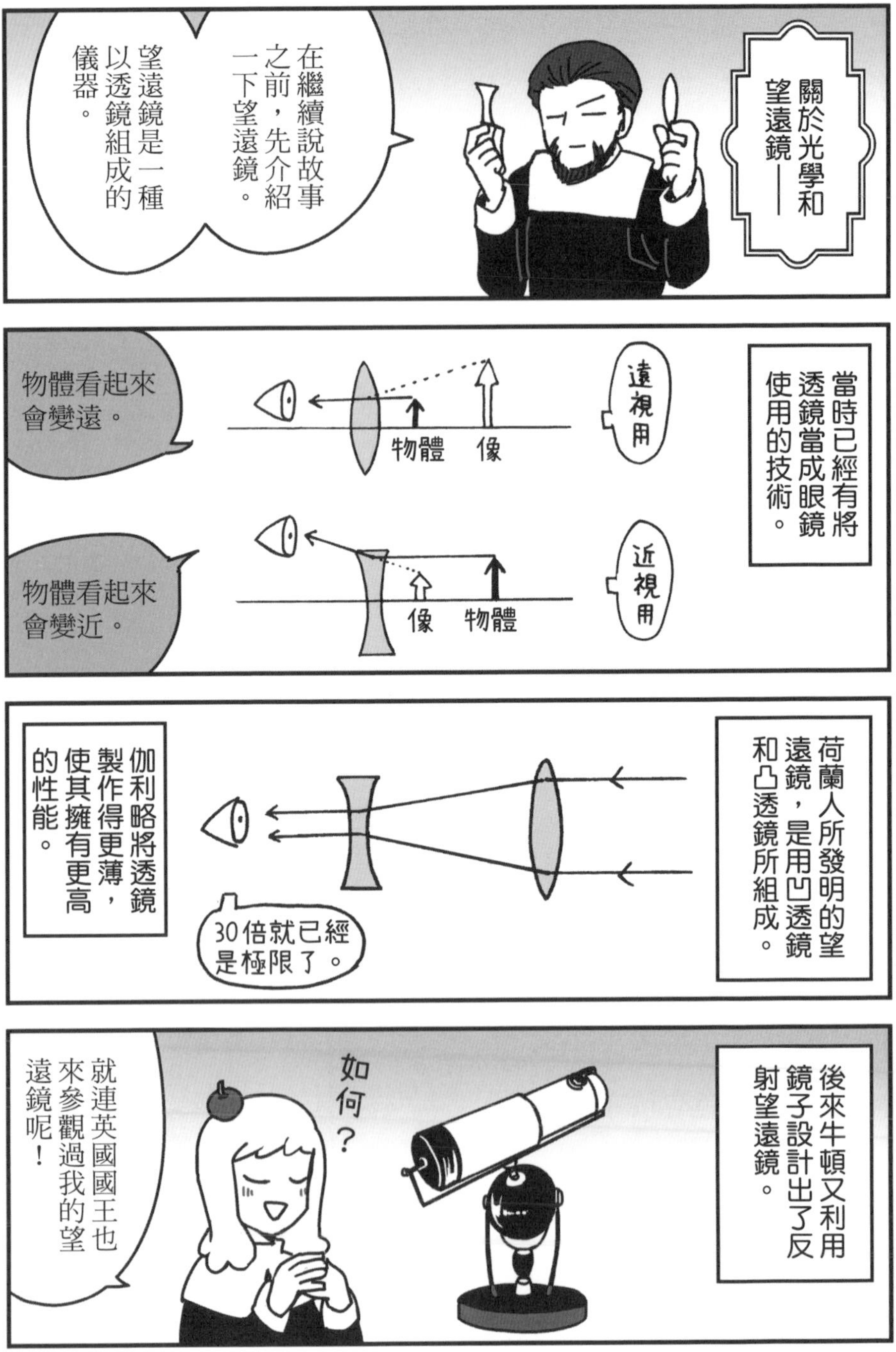
關於光學和望遠鏡——
在繼續說故事之前，先介紹一下望遠鏡。
望遠鏡是一種以透鏡組成的儀器。
當時已經有將透鏡當成眼鏡使用的技術。
遠視用
物體
像
物體看起來會變遠。
近視用
像
物體
物體看起來會變近。
荷蘭人所發明的望遠鏡，是用凹透鏡和凸透鏡所組成。
30倍就已經是極限了。
伽利略將透鏡製作得更薄，使其擁有更高的性能。
後來牛頓又利用鏡子設計出了反射望遠鏡。
如何？
就連英國國王也來參觀過我的望遠鏡呢！

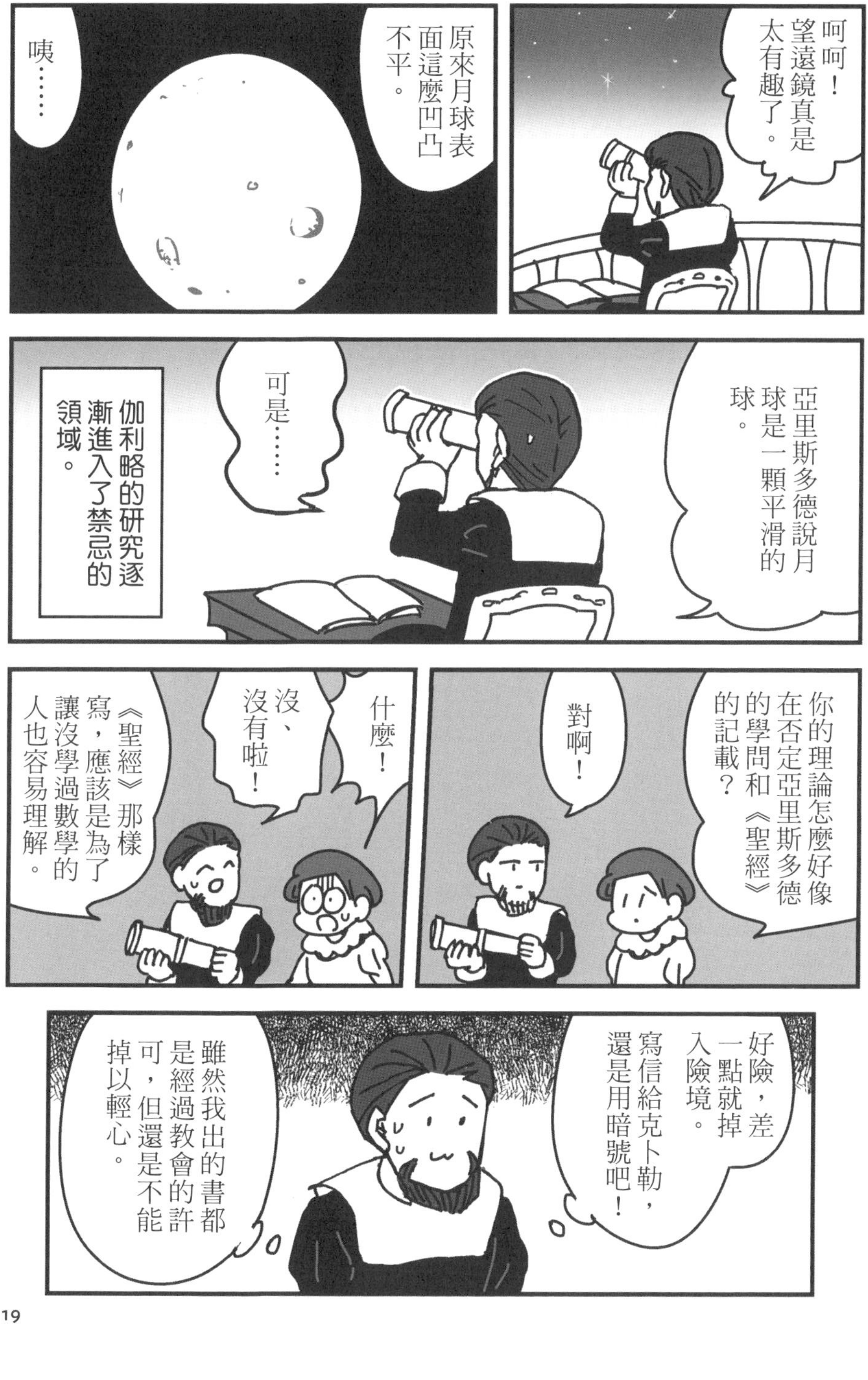
呵呵！望遠鏡真是太有趣了。
原來月球表面這麼凹凸不平。
咦……
亞里斯多德說月球是一顆平滑的球。
可是……
伽利略的研究逐漸進入了禁忌的領域。
你的理論怎麼好像在否定亞里斯多德的學問和《聖經》的記載？
對啊！
什麼！
沒、沒有啦！
《聖經》那樣寫，應該是為了讓沒學過數學的人也容易理解。
好險，差一點就掉入險境。
寫信給克卜勒，還是用暗號吧！
雖然我出的書都是經過教會的許可，但還是不能掉以輕心。

可惜已經太遲了……
支持者托斯卡納大公爵過世後，伽利略就遭到了宗教審判。
你寫的這本《兩大世界體系的對話》，我們認為包含了異端思想。
但是……這本書當初可是通過教會審查的！
現在情況不一樣了。
這本書的內容，是透過兩個虛構的人物進行對話。
一邊是充滿智慧的薩維亞蒂，
這應該是影射你自己吧？
另一邊則是主張神無所不能的辛普里西奧，
他被描寫成一個傻子。
可是教宗贊成辛普里西奧的論點。
嗚……
你這麼寫，不就是在暗指教宗又笨又傻嗎？

我並沒有侮辱教宗的意思……
而是……
教宗真的是個笨蛋！
謎之心音
這種話應該不能說出來吧……
請您仔細看清楚！
我……不，我是說書中的薩維亞蒂並沒有支持地動說。
噢？
只是提到有人這麼認為而已。
我本人絕對支持《聖經》*的記載！
這麼說來……
辛普里西奧的部分也只是一時沒想清楚？
沒錯！沒錯！

*《聖經》中記載了神曾經停止天體的運行。

好吧！只要發誓不宣揚地動說，我們就饒了你，但你的書不能再對外公開。
沒問題，我發誓！
科學之門就在這瞬間關上了。

※完整建立地動說模型的是哥白尼，但首度用實際觀察作為證據支持的則是伽利略。

雖然在審判中落敗，但我們要繼續追求真理。
沒錯！
除了克卜勒等科學家之外，還有許多掌權人士也為了自身利益而支持伽利略，卻沒有辦法改變判決。
1642年，伽利略去世。沒想到就連後人為他建造陵墓的計畫也遭阻撓，最後他只能葬在一座小小的禮拜堂裡。
怎麼會……
連死後也遭到打壓？
大約一百年之後，世人才開始對他有了正面的評價，《兩大世界體系的對話》也不再被列為禁書。
這樣算快還是慢呢？
聽說我的手指骨還被搞丟了！
對不起！

※1979年，教會對伽利略的判決進行重新調查，並且承認了錯誤。

伽利略的科學精神，後來由牛頓等人繼承。
接著我來說說牛頓的故事。

牛頓（1642～1727年）發現了萬有引力和光的規律。
雖然是很了不起的貢獻，但是……
牛頓這個人實在是有點古怪。
牛頓出生於十七世紀的英國，家境非常富裕。
他從來不幫忙做家裡的工作，整天只是研究數學和製作手工藝品。
你要讓我上大學？謝謝媽媽！
本來是希望你能當神職人員……但算了，隨便你吧！
於是牛頓進入了劍橋大學。

牛頓非常喜歡做筆記。
一瓶墨水1先令7便士、一本筆記本2先令、大學校徽2先令6便士……
而且……
你可以免除學費。
太好了！
我繳不起學費……
好可憐，我幫你出吧！
還是個斂財高手。
他把錢借給學生賺取利息。
你賺那麼多錢要做什麼？
當然是雇用女傭，以及跟貴族學生吃飯。
原來你這麼虛榮！
他把賺錢的目的也寫在筆記本上了。

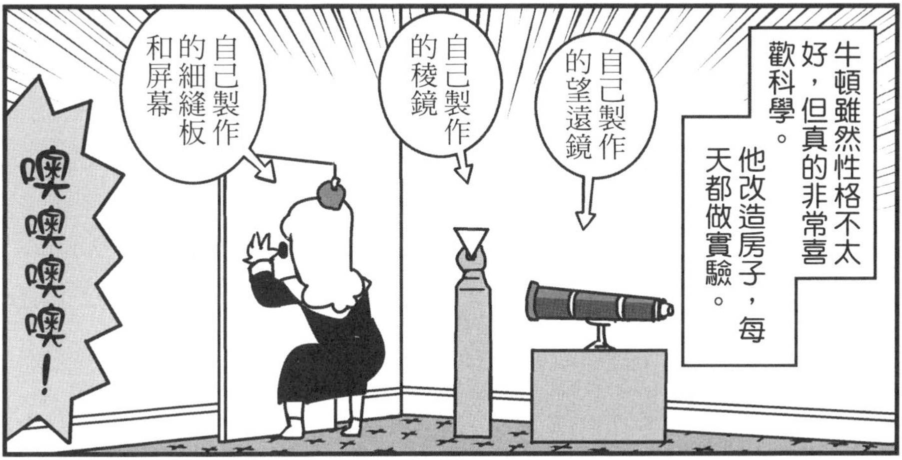
牛頓雖然性格不太好，但真的非常喜歡科學。
他改造房子，每天都做實驗。
自己製作的望遠鏡
自己製作的稜鏡
自己製作的細縫板和屏幕
噢噢噢噢！

光真是太有趣了！
藍色、紅色等不同顏色的光混雜在一起，竟然變成了白光！
將光照射在凸透鏡和透明板上，
就會出現奇妙的光環（牛頓環）！

※這是因為每種顏色的光有著不同的波長。

其實牛頓在光學上貢獻卓越，只是知道的人並不多。
他更是第一個主張彩虹有「七種」顏色的人。
有七色！

☆白色的光可以分解成許多不同的顏色。
☆紅色的東西看起來是紅色，那是因為吸收了紅色以外的光。
白色光
寫寫寫
太有趣了！
午安，牛頓。
是巴羅老師。
艾薩克・巴羅，牛頓所就讀的大學教授。
老師！像這樣擠壓眼珠子，會看見奇怪的光喔！
擠擠擠
這是什麼緣故？
好危險！別做這種事！
我向倫敦皇家學會*介紹了你製作的望遠鏡，
大家都讚不絕口，希望跟你見一面呢！
而且……我被任命為皇室的神職人員，
所以我希望你能承接我的職位，成為大學教授。

＊倫敦皇家學會：創立於1660年，為全世界歷史最悠久的科學學會。

大叔人太好了吧！
承蒙老師的青睞，令我備感光榮！
內心話
你把客套話和內心想法搞反了。

從此之後，牛頓便開始進出倫敦皇家學會。
唰！
唰！
咦？有個可疑分子在門邊進進出出。
呃！是巴羅老師介紹我來的。
噢！你就是製作望遠鏡的牛頓？
緊張不已
我寫了一篇關於光學的論文……
論文？
這是什麼爛東西？
我看你還是乖乖製作望遠鏡就好。
這個批評牛頓論文的人物，是以虎克定律聞名於世的羅伯特・虎克。

我要回去了！
等、等一下！
虎克只是太忙了而已，別介意。我有話想跟你聊呢！
……你又是誰？
我是發現哈雷彗星的愛德蒙・哈雷。
我喜歡觀測天象，對於基礎的力學問題也很有興趣，
能不能跟我聊一聊你的論點？
……可以啊！不過這是我在學生時期寫出來的東西。
你在學生時期就寫出來了？
靠著力＝質量×加速度＊（F＝ma）這條運動方程式，
我推導出萬有引力定律，也就是「兩行星的引力與兩者的質量乘積成正比，與距離的平方成反比」。

＊加速度：以時間將速度微分之後的結果。

現在我先簡單介紹一下三大運動定律。
【第一定律】慣性定律
當物體在不受外力作用，或作用力的合力為零的時候，速度將維持不變。
如果不考慮摩擦力，運動中的物體會一直運動，
靜止的物體會一直靜止。
【第二定律】運動定律
物體的加速度與作用力成正比，與質量成反比。
力 加速度
F = m a
質量
力的單位為「牛頓（N）」，就是以我的名字命名！
[N] = [kg·m/s²]
【第三定律】作用力與反作用力的定律
當物體A對物體B施力的時候，物體B也會將相同大小、相反方向的力量施加於物體A。
$F_B = F_A$
大概就像是：我推牆壁的時候，牆壁也會給我作用力。

根據運動定律，可以描述蘋果落下的運動，以及將球扔出去的運動！
颼！
喔！牛頓！
你一定要出書！錢我來幫你出！
咦？
你的運動定律，可以描述世界上所有的運動，對吧？
這麼偉大的發現，一定要讓全世界的人知道。
你願意幫我出錢？
沒錯！
大叔人太好了吧！
我深深感謝你的友情。
內心話
你又把客套話和內心想法搞反了。
就這樣……

牛頓出版了《自然哲學的數學原理》一書。
PHILOSOPHIÆ NATURALIS PRINCIPIA MATHEMATICA
IMPRIMATUR
LONDINI
這本書出版後，讓牛頓在歐洲聲名遠播。
喂！你的書抄襲我的論文了吧！
你、你是……
那個討人厭的虎克。
虎克當時也發表過關於行星運動的論文。
請不要隨便誣賴他！
他的著作探討的是比行星運動更廣泛的定律。
說得好啊！
虎克的主張沒有受到採納……
哼！
我絕不原諒那個虎克！
可惡！
可惡！
別氣了。
虎克去世後，牛頓下令將虎克的論文和肖像畫撤除。

哈雷，你聽我說。
什麼事？
我認為我應該受到更高的評價。
對吧？
你也自大得太快了吧！
等等，你怎麼沒穿褲子？
啊！
後來牛頓和萊布尼茲也發生爭執。
你好，我叫萊布尼茲，是德國數學家兼哲學家兼醫生兼外交官。
你好，找我有什麼事？
……你先穿好褲子吧！
雖然你的著作非常了不起，
但是你在書裡主張你發明了微積分，這點我無法認同。
因為那是我先發明的！
微積分的理論出現於十七世紀。

趁這個機會，我們來看一題微積分的例子吧！
利用自由落體公式……
只要以時間來微分*距離，就能計算出速度。
s

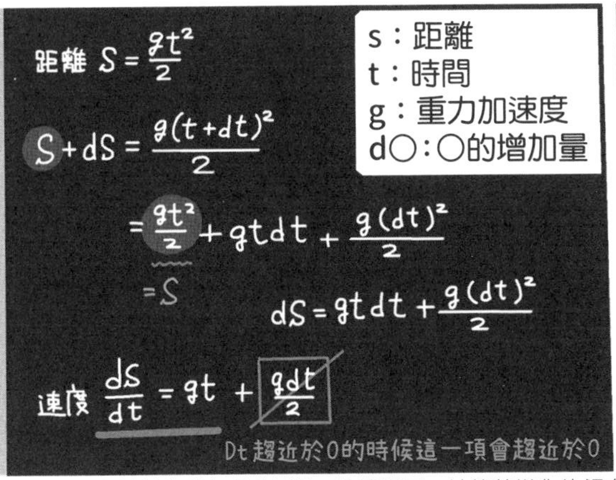
s：距離
t：時間
g：重力加速度
d○：○的增加量
距離 $S=\frac{gt^2}{2}$
$S+dS=\frac{g(t+dt)^2}{2}$
$=\frac{gt^2}{2}+gtdt+\frac{g(dt)^2}{2}$
$=S$
$dS=gtdt+\frac{g(dt)^2}{2}$
速度 $\frac{dS}{dt}=gt+\frac{gdt}{2}$
Dt趨近於0的時候這一項會趨近於0

＊微分：在某數的增加量趨近於0的情況下，計算其變化的傾向。
ds/dt的意思是「當時間增加t的時候，距離s的變化量」，也就是速度。

微分的核心概念，是在於「變化量」。
我說啊！

微分是我發明的啦！
你說什麼？

你剛剛用的ds／dt這些符號也是我發明的。
那是為了讓現代的讀者好懂才使用的啦！

誰先發明的問題，一直到最後都沒有爭辯出結論。
但是全英國的學者都必須使用我想出來的微分符號！
咚！
這個

……有人說牛頓這種排外的不合理要求，
讓英國的數學發展至少晚了一百年。
關於牛頓的古怪行徑，還有以下這個故事。
有一次，牛頓請哲學家約翰・洛克幫忙找工作。
我找不到適合的工作。
不用心急啦！
沮喪……
你一定認為事不關己吧？真是太過分了。
嗚嗚嗚—
不然去鑄幣局工作如何？
用你的科學知識，幫助政府對抗偽幣。
鑄幣局嗎？
唔……
這可是影響經濟的重要工作。

既然是重要工作，那我要做！
把那些製造偽幣的傢伙全都抓出來懲罰！
等一下！等一下！
沒必要這麼殘酷啦！
全部處以極刑！
什麼啊！
但牛頓不愧是牛頓。他靠著改良硬幣的金銀比值，以及製造上的巧思，設計出了不容易偽造的硬幣。
這個金銀比值一直被使用到二十世紀呢！
工作上倒是毫不馬虎。
對了，你還沒結婚吧？要不要我給你介紹好對象？
結婚？下次你再提這種事，我會對你說「夠了」！
哼！
真是高傲的態度。

不論在成就上，還是態度上，牛頓都宛如科學界的帝王。
帥氣！
關於對真理的追求，牛頓說過這麼一段話：
我只是一個在名為真理的海邊嬉戲的少年。
有時候，我會找到一些美麗的貝殼來取悅自己，
但對於眼前那片真理的大海，我們依然一無所知。
即使是為科學界奠定力學基礎的牛頓，在面對深不可測的科學時，也表現出了敬意。
正如同他所說的這番話，
直到兩百年後，足以顛覆古典力學的真理大海「量子力學」才被人發現。

第2堂

波動論

——光是波動還是粒子？

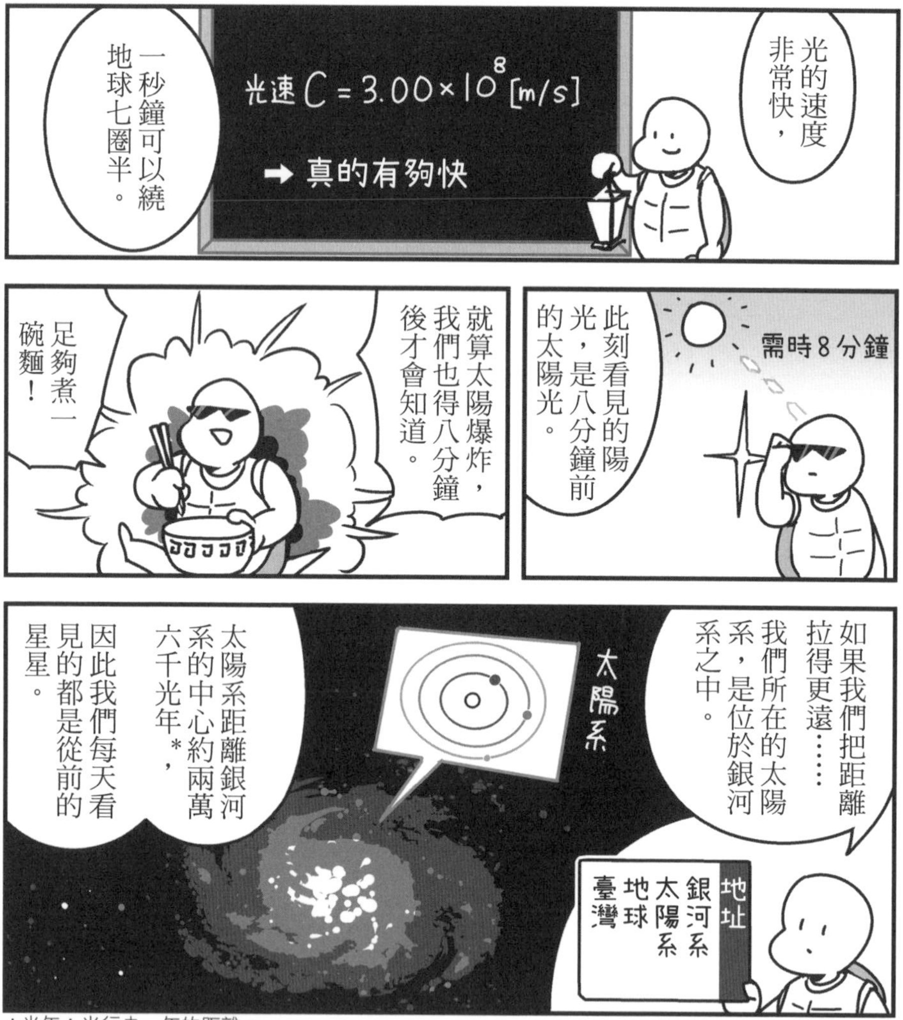
光的速度非常快，
光速 $C = 3.00 \times 10^8$ [m/s]
➡ 真的有夠快
一秒鐘可以繞地球七圈半。
需時8分鐘
此刻看見的陽光，是八分鐘前的太陽光。
就算太陽爆炸，我們也得八分鐘後才會知道。
足夠煮一碗麵！
如果我們把距離拉得更遠……我們所在的太陽系，是位於銀河系之中。
地址
銀河系
太陽系
地球
臺灣
太陽系
太陽系距離銀河系的中心約兩萬六千光年＊，因此我們每天看見的都是從前的星星。

＊光年：光行走一年的距離。

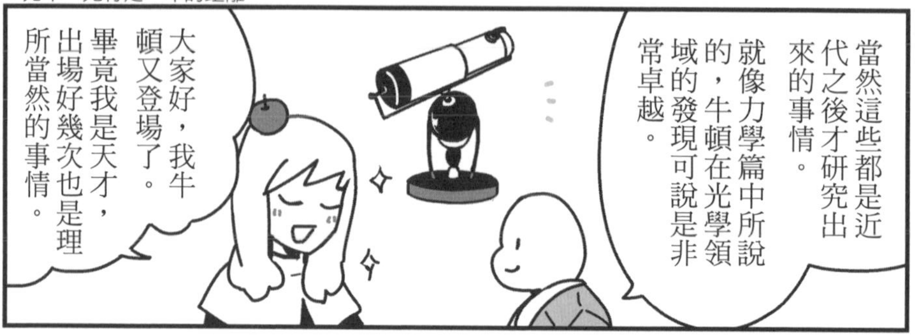
當然這些都是近代之後才研究出來的事情。就像力學篇中所說的，牛頓在光學領域的發現可說是非常卓越。
大家好，我牛頓又登場了。畢竟我是天才，出場好幾次也是理所當然的事情。

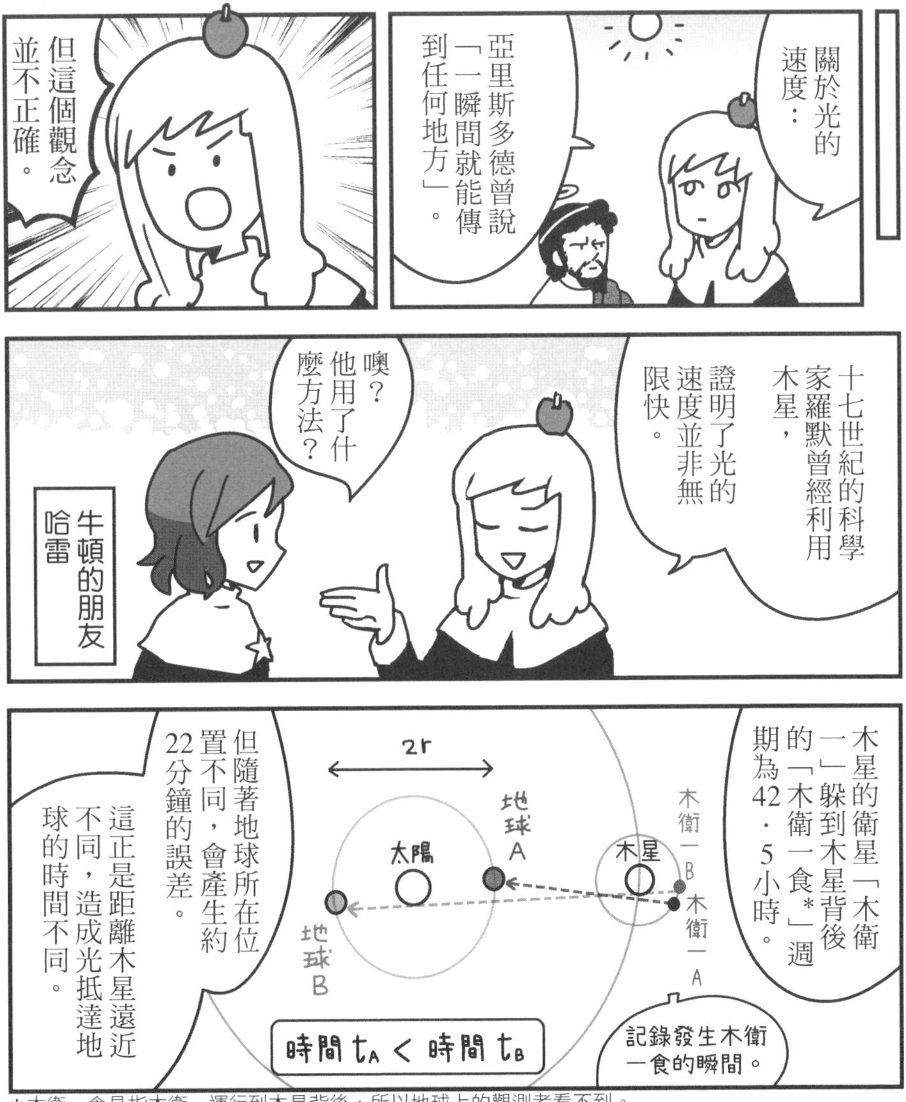
關於光的速度：
亞里斯多德曾說「一瞬間就能傳到任何地方」。
但這個觀念並不正確。
十七世紀的科學家羅默曾經利用木星，證明了光的速度並非無限快。
噢？他用了什麼方法？
牛頓的朋友 哈雷
木星的衛星「木衛一」躲到木星背後的「木衛一食*」週期為42.5小時。
但隨著地球所在位置不同，會產生約22分鐘的誤差。
這正是距離木星遠近不同，造成光抵達地球的時間不同。
2r
地球A
太陽
木星
木衛一B
木衛一A
地球B
時間 t_A < 時間 t_B
記錄發生木衛一食的瞬間。

＊木衛一食是指木衛一運行到木星背後，所以地球上的觀測者看不到。

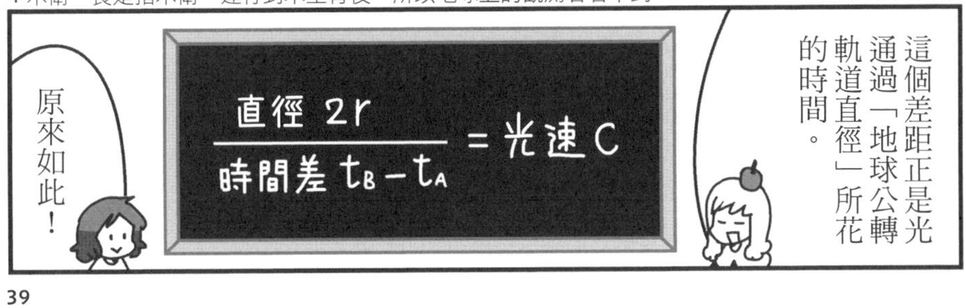
這個差距正是光通過「地球公轉軌道直徑」所花的時間。
$$\frac{\text{直徑 } 2r}{\text{時間差 } t_B - t_A} = \text{光速 } C$$
原來如此！

不過什麼是光？
光具備許多種要素。
首先光會因透鏡而發生折射，而且顏色不同的光，性質也會有微妙的差異。
欸？
但我要問的是光究竟是什麼東西？
圓不圓？
硬不硬？
……
嗯……光應該是粒子吧！
因為光有不同的顏色和性質，而且也有熱量。
但是有個叫惠更斯的人說光是波動呢！
……
光當然是粒子！我一定要跟這個說波動的人辯論到底！
噹！
又要跟別人吵了。

干涉
繞射
光電效應
真空傳遞
光的「粒子說」與「波動說」大戰開始。
是波動還是粒子？
科學史決定戰！

其實，無論哪一邊都是對的。
愛因斯坦
請你別透露劇情！

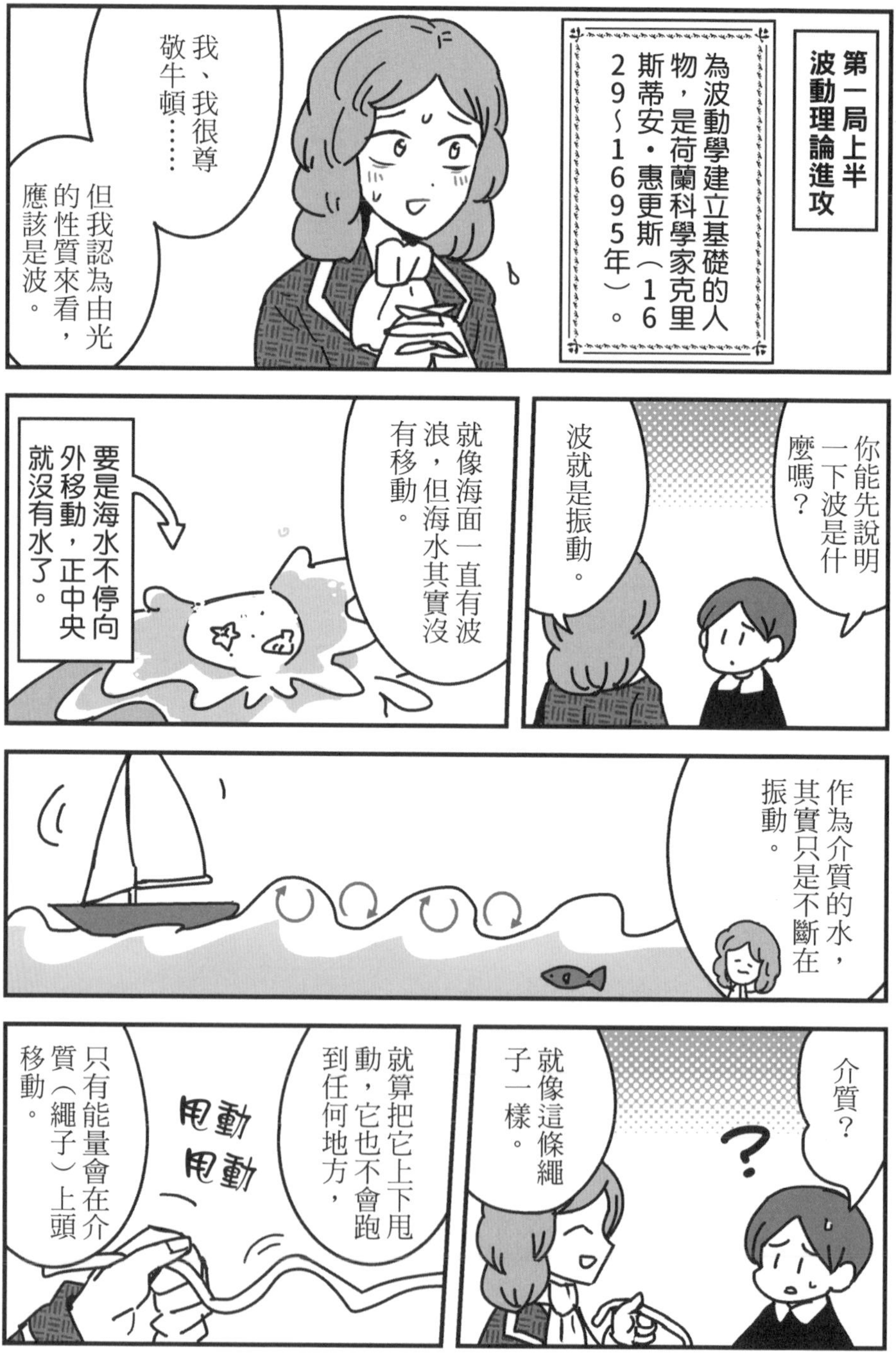
第一局上半
波動理論進攻
為波動學建立基礎的人物，是荷蘭科學家克里斯蒂安・惠更斯（1629～1695年）。
我、我很尊敬牛頓……
但我認為由光的性質來看，應該是波。
你能先說明一下波是什麼嗎？
波就是振動。
就像海面一直有波浪，但海水其實沒有移動。
要是海水不停向外移動，正中央就沒有水了。
作為介質的水，其實只是不斷在振動。
介質？
就像這條繩子一樣。
就算把它上下甩動，它也不會跑到任何地方，
甩動 甩動
只有能量會在介質（繩子）上頭移動。

波本身並沒有實體，只是藉由空氣或水之類的介質形成的振動而已。
振幅
波長
振幅：波的高度
波長：波的長度

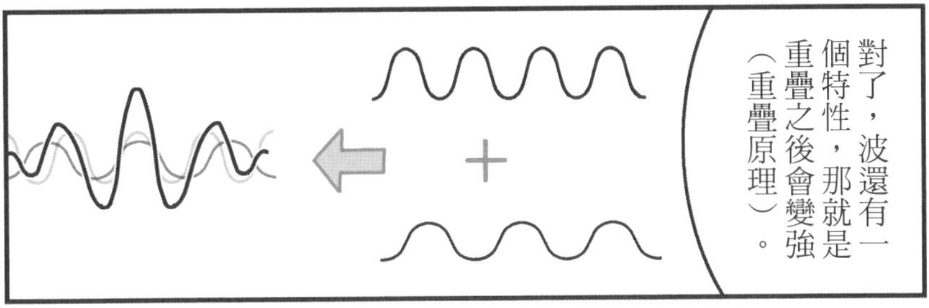
對了，波還有一個特性，那就是重疊之後會變強（重疊原理）。
＋

你們想想看，光是不是觸摸不到，也不會撞到東西？

這正是波的性質。
所以光就是一種波！
Q.E.D.*

＊Q.E.D.：Quod Erat Demonstrandum的縮寫，拉丁文中「證明完畢」的意思。

波 1
粒子
嗯嗯！
嘩～

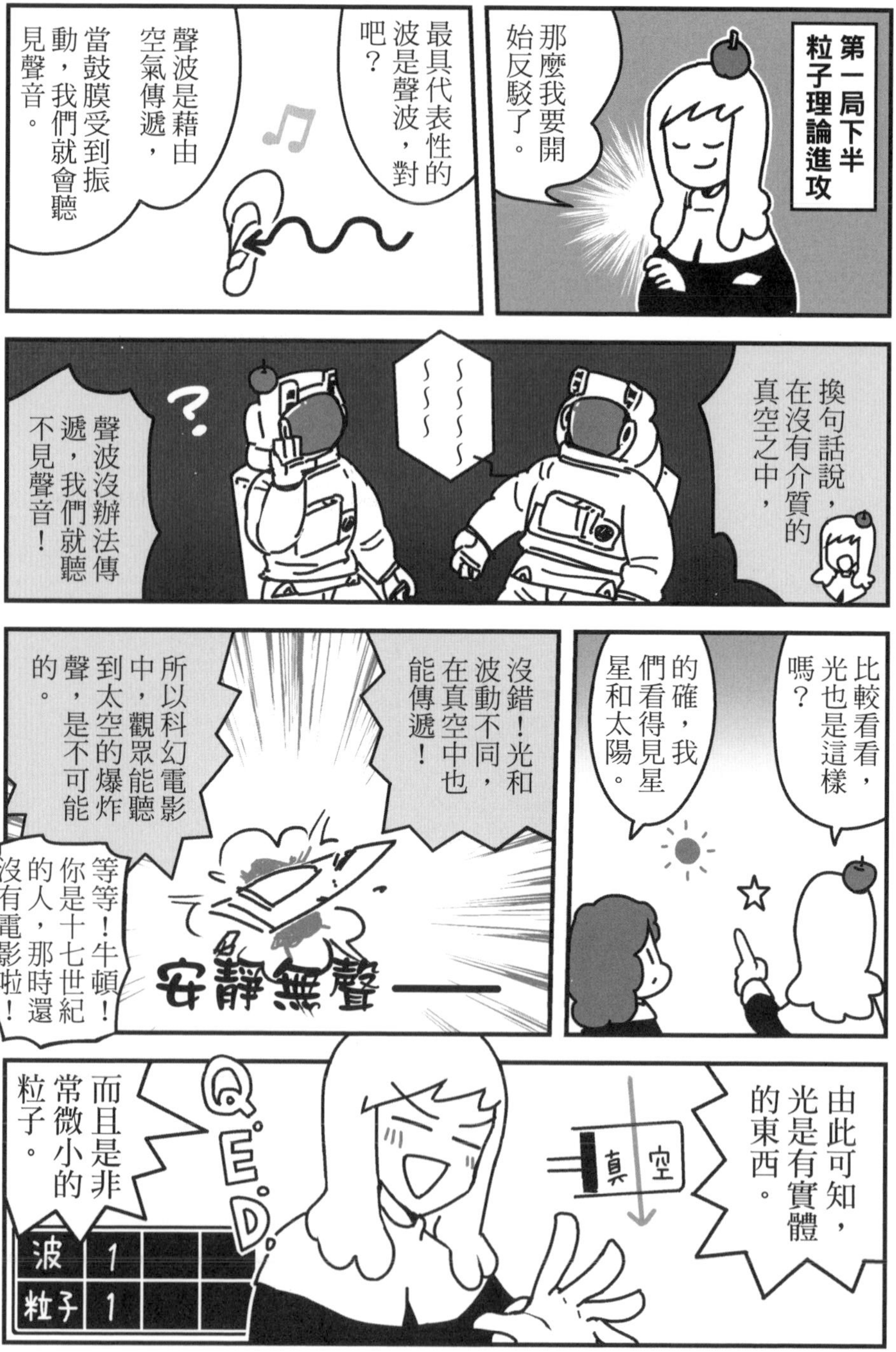
第一局下半
粒子理論進攻
那麼我要開始反駁了。
最具代表性的波是聲波，對吧？
聲波是藉由空氣傳遞，當鼓膜受到振動，我們就會聽見聲音。
換句話說，在沒有介質的真空之中，
聲波沒辦法傳遞，我們就聽不見聲音！
比較看看，光也是這樣嗎？
的確，我們看得見星星和太陽。
沒錯！光和波動不同，在真空中也能傳遞！
所以科幻電影中，觀眾能聽到太空的爆炸聲，是不可能的。
安靜無聲——
等等！牛頓！你是十七世紀的人，那時還沒有電影啦！
由此可知，光是有實體的東西。
真空
而且是非常微小的粒子。
QED
波 1
粒子 1

第二局上半
波動理論進攻
……
我並不認為宇宙是真空狀態。
乙太理論*
你要跟我辯這個？

＊當時的科學家認為宇宙中有一種名為「乙太」的介質（如今這套理論已經遭到推翻）。

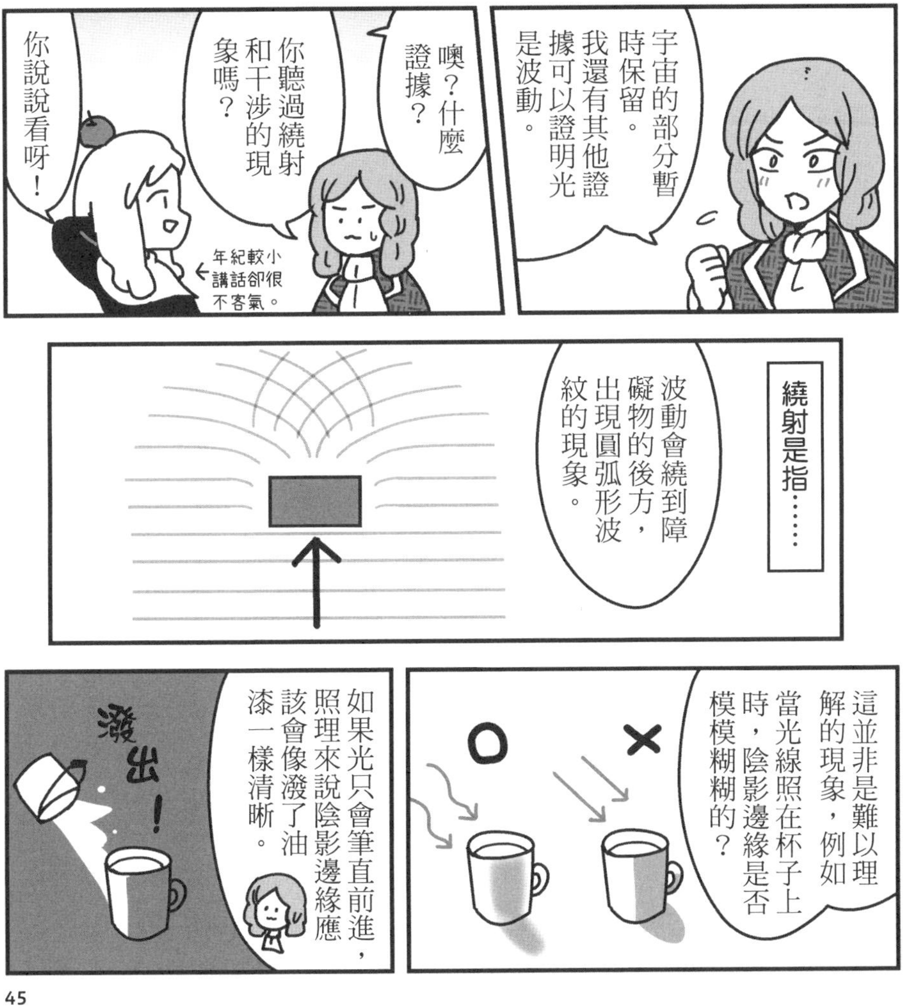
宇宙的部分暫時保留。我還有其他證據可以證明光是波動。
噢？什麼證據？
你聽過繞射和干涉的現象嗎？
你說說看呀！
年紀較小講話卻很不客氣。
繞射是指……
波動會繞到障礙物的後方，出現圓弧形波紋的現象。
這並非是難以理解的現象，例如當光線照在杯子上時，陰影邊緣是否模模糊糊的？
O
×
如果光只會筆直前進，照理來說陰影邊緣應該會像潑了油漆一樣清晰。
潑出！

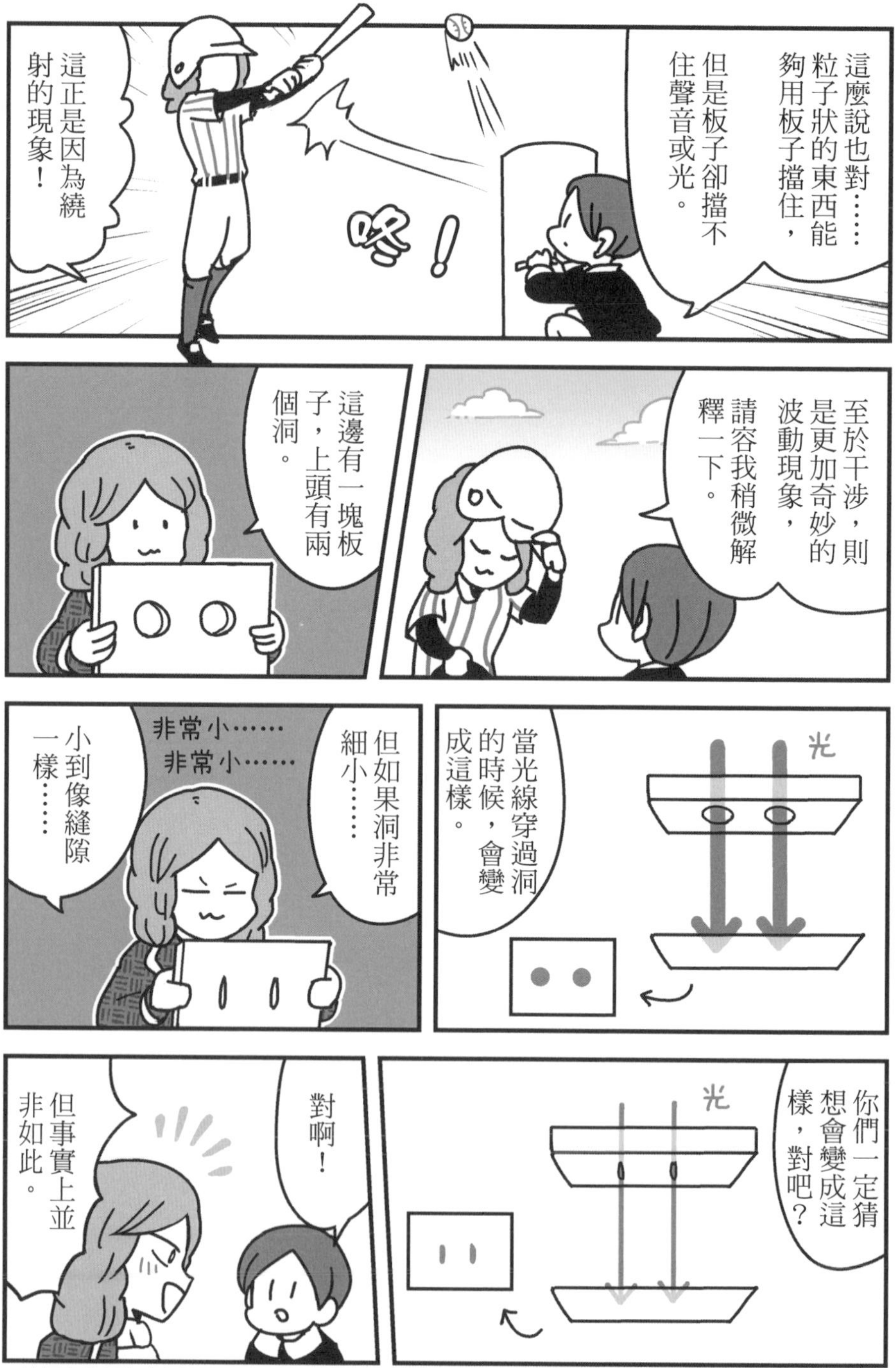
這麼說也對……粒子狀的東西能夠用板子擋住，
但是板子卻擋不住聲音或光。
咚！
這正是因為繞射的現象！
至於干涉，則是更加奇妙的波動現象，
請容我稍微解釋一下。
這邊有一塊板子，上頭有兩個洞。
當光線穿過洞的時候，會變成這樣。
光
但如果洞非常細小……
非常小……
非常小……
小到像縫隙一樣……
你們一定猜想會變成這樣，對吧？
光
對啊！
但事實上並非如此。

※這個實驗稱為「楊格的雙狹縫干涉實驗」。

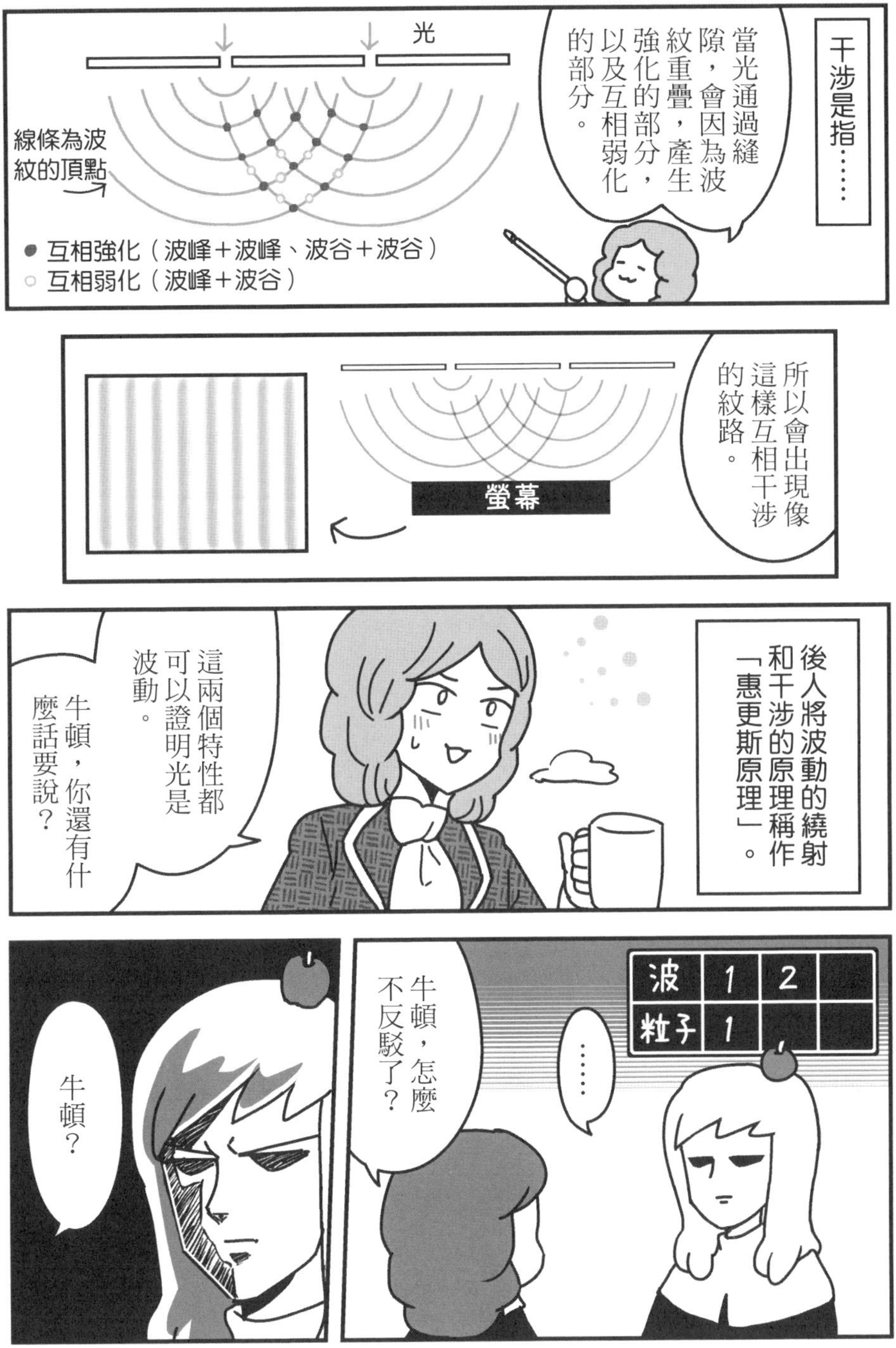
干涉是指……
當光通過縫隙，會因為波紋重疊，產生強化的部分，以及互相弱化的部分。
光
線條為波紋的頂點
● 互相強化（波峰＋波峰、波谷＋波谷）
○ 互相弱化（波峰＋波谷）
所以會出現像這樣互相干涉的紋路。
螢幕
後人將波動的繞射和干涉的原理稱作「惠更斯原理」。
這兩個特性都可以證明光是波動。
牛頓，你還有什麼話要說？
波 1 2
粒子 1
……
牛頓，怎麼不反駁了？
牛頓？

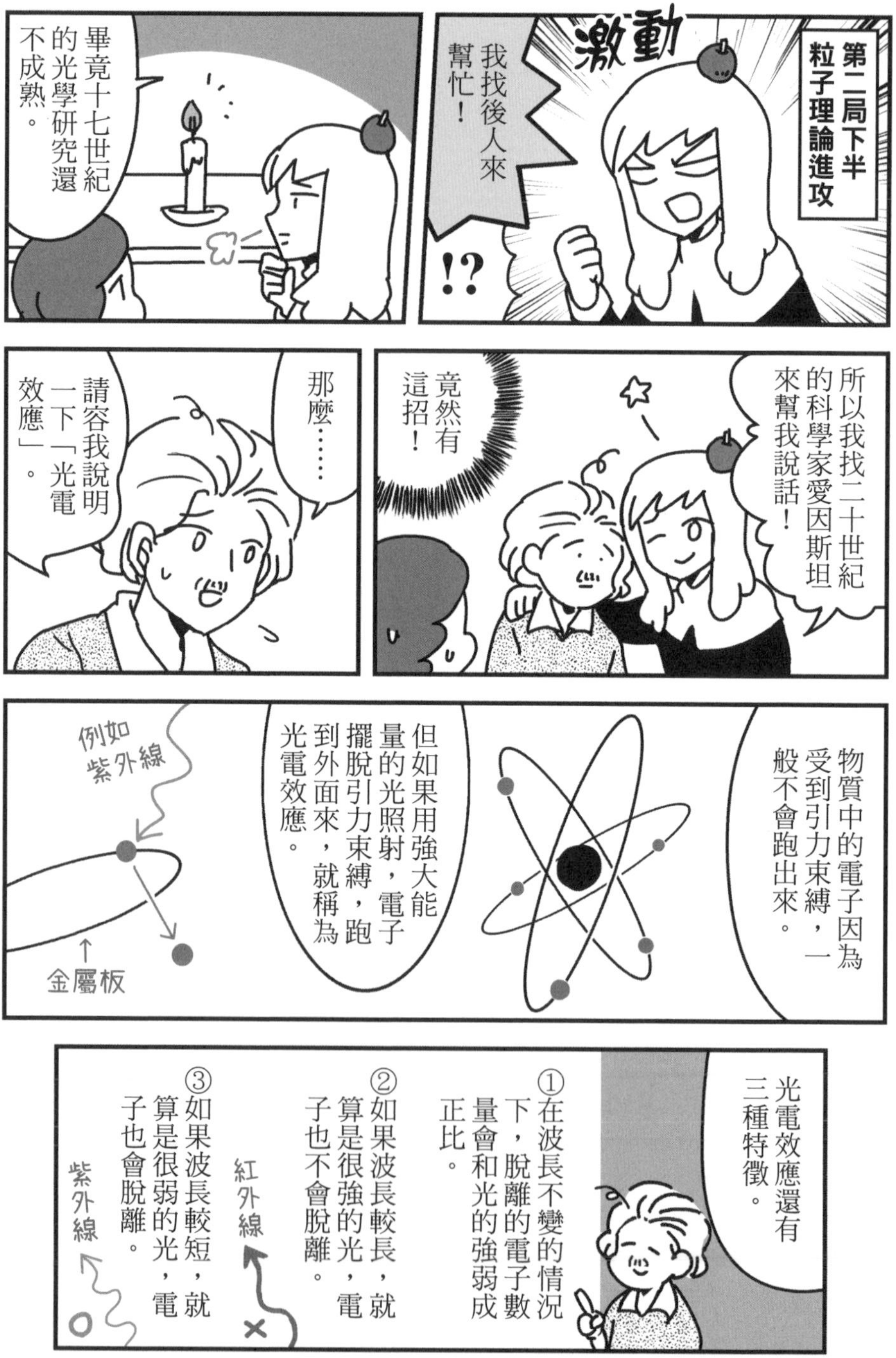
第二局下半
粒子理論進攻
激動
我找後人來幫忙！
!?
畢竟十七世紀的光學研究還不成熟。
所以我找二十世紀的科學家愛因斯坦來幫我說話！
竟然有這招！
那麼……
請容我說明一下「光電效應」。
物質中的電子因為受到引力束縛，一般不會跑出來。
但如果用強大能量的光照射，電子擺脫引力束縛，跑到外面來，就稱為光電效應。
例如紫外線
金屬板
光電效應還有三種特徵。
①在波長不變的情況下，脫離的電子數量會和光的強弱成正比。
②如果波長較長，就算是很強的光，電子也不會脫離。
紅外線
③如果波長較短，就算是很弱的光，電子也會脫離。
紫外線

同樣的現象，在生活周遭常能觀測得到。例如無論多麼強烈的光線照射，只要不是紫外線，就不會晒黑。
反過來說，就算是再弱的紫外線，也會讓人晒黑。
如果光是波動，絕不可能出現像這樣的現象。必須將光認定為「依照波長的不同而帶有不同能量的粒子集合體」，才能合理解釋這個現象。
瘦小
紅外線
能量小
粗壯
紫外線
能量大
這也意味著光的強度是由光的數量所決定。
既然有數量的差異，當然是粒子。
波 1 2
粒子 1 2
振振有詞

看吧！光是粒子！
嗚嗚……
等等！請你們仔細回想一下我剛剛說的話。
我剛剛說光是依照「波長」的不同而帶有不同能量的粒子集合體。
啊！
如果搭配馬克士威方程式，可以得知光符合波動方程式的條件，
$\frac{1}{s^2}\cdot\frac{\partial^2 u}{\partial t^2}=\Delta u$
也就是說，光為波動是一個大前提。
馬克士威
……
……
到頭來還是分不出輸贏！
好像是這樣！
不過多虧了你們，光學研究有了非常大的進展。
關於光的爭論，到此告一段落。

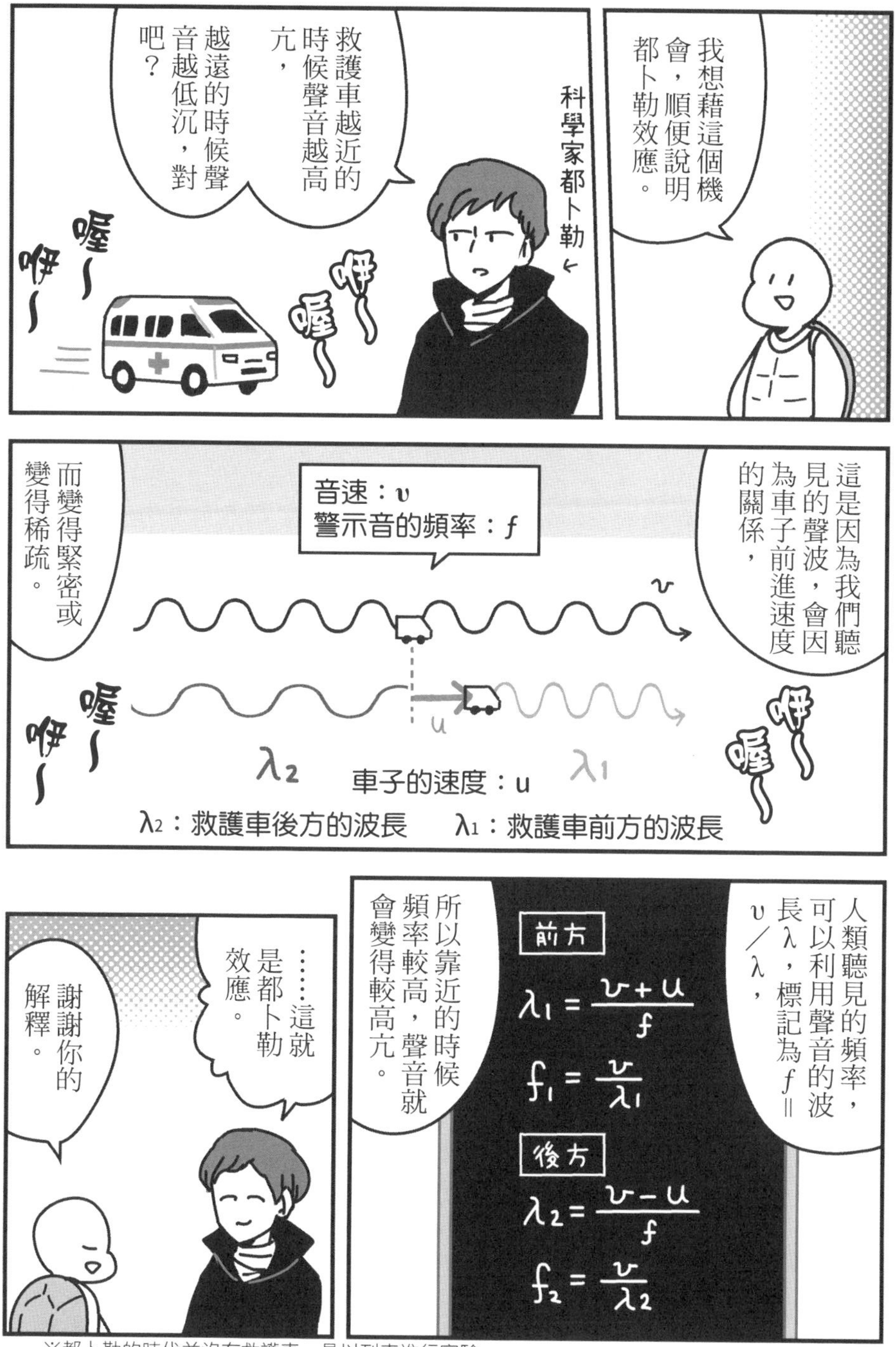
我想藉這個機會，順便說明都卜勒效應。
救護車越近的時候聲音越高亢，越遠的時候聲音越低沉，對吧？
科學家都卜勒
喔～伊～
伊～喔～
這是因為我們聽見的聲波，會因為車子前進速度的關係，
而變得緊密或變得稀疏。
音速：v
警示音的頻率：f
v
u
λ_2
λ_1
車子的速度：u
λ_2：救護車後方的波長　λ_1：救護車前方的波長
人類聽見的頻率，可以利用聲音的波長λ，標記為$f = v/\lambda$，
所以靠近的時候頻率較高，聲音就會變得較高亢。
前方
$\lambda_1 = \frac{v+u}{f}$
$f_1 = \frac{v}{\lambda_1}$
後方
$\lambda_2 = \frac{v-u}{f}$
$f_2 = \frac{v}{\lambda_2}$
……這就是都卜勒效應。
謝謝你的解釋。

※都卜勒的時代並沒有救護車，是以列車進行實驗。

科學小專欄②

或許因為生活在科學家和神職人員關係緊密的時代，我牛頓、萊布尼茲，以及伽利略這輩子沒有結婚。（不過伽利略卻有孩子唷！）

第3堂

電磁學

——通電就會變磁鐵！

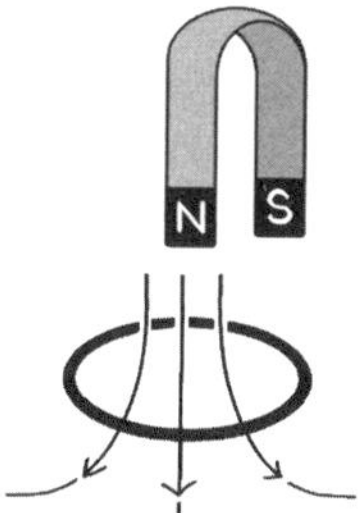

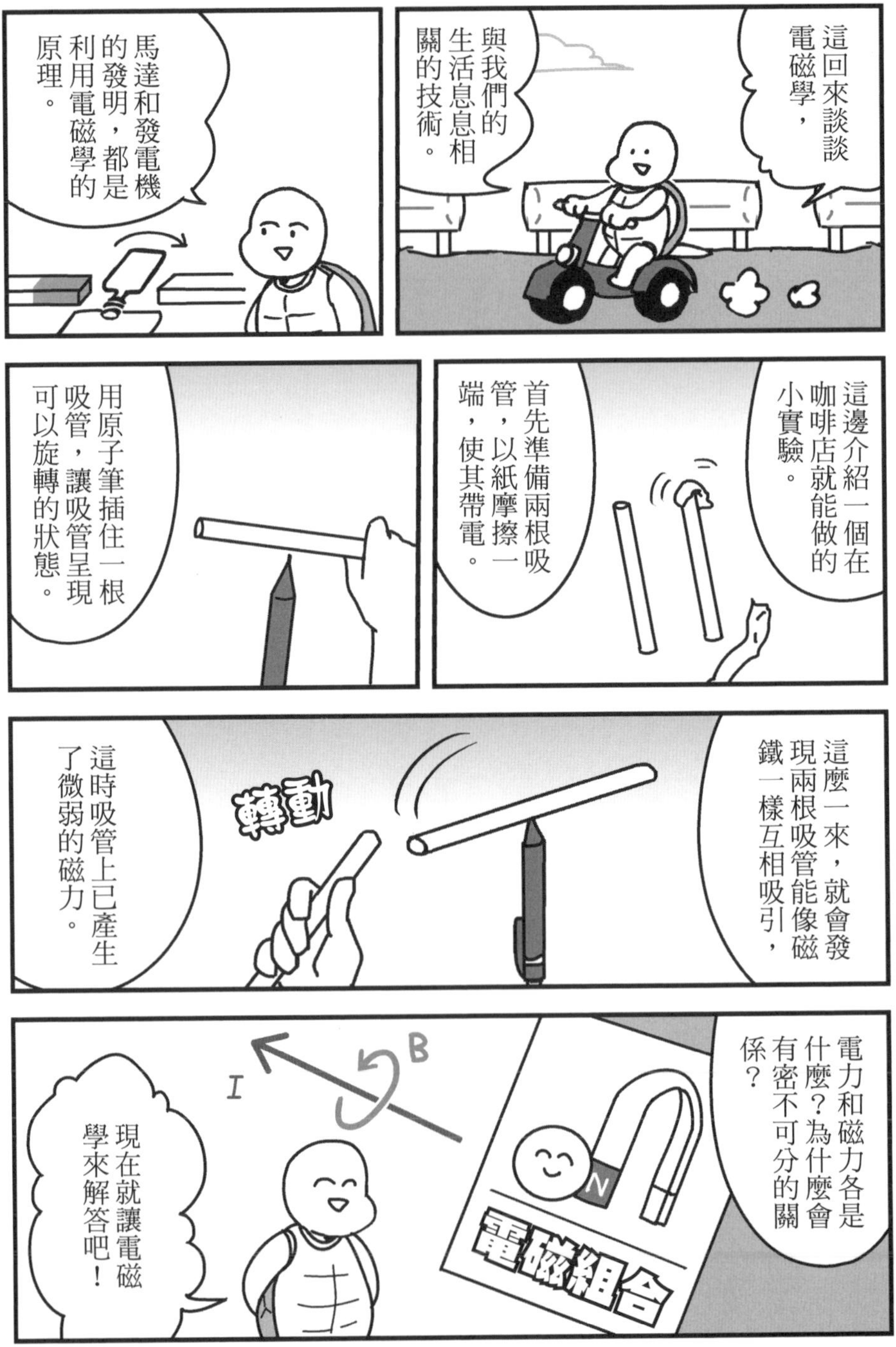
這回來談談電磁學，
與我們的生活息息相關的技術。
馬達和發電機的發明，都是利用電磁學的原理。
這邊介紹一個在咖啡店就能做的小實驗。
首先準備兩根吸管，以紙摩擦一端，使其帶電。
用原子筆插住一根吸管，讓吸管呈現可以旋轉的狀態。
這麼一來，就會發現兩根吸管能像磁鐵一樣互相吸引，
轉動
這時吸管上已產生了微弱的磁力。
電力和磁力各是什麼？為什麼會有密不可分的關係？
N
電磁組合
B
I
現在就讓電磁學來解答吧！

說起電磁學領域最有名的科學家，任何人都會想到英國的麥可・法拉第（1791～1867年）。
聽說他是個性格純真又謙虛的人。

小學畢業後，他就到貧民窟裡的印書廠工作。
喂！活字版＊還沒弄好嗎？
喀啦
喀啦
對不起……
你又沉迷內容了吧？

＊以前的印刷是使用可任意排列的字塊（活字）組合成印刷版，就稱為活字版。

因為太有趣了！
剩下的我會趁休息時間看的。
什麼？
這個時代沒有勞基法，你以為會有休息時間嗎？
嗚嗚！
好可怕的時代！

※直到1833年才制定《工廠法》，規定勞工一星期只能工作69小時。

何況你怎麼可能看得懂內容？
我雖然書讀得不多，但是看得懂。
就算是平民百姓，也可以研究科學。
是嗎？
別說廢話了，快工作吧！
法拉第雖然每天辛勤工作，卻還是能夠撥出時間學習。
為什麼他能有這麼大的毅力呢？理由就在於——
麥可，該上教堂了。
好。
宗教。
法拉第是虔誠的基督徒，星期天上教堂是他的重要心靈依靠。
呼
有一天，他聽說有地方在辦科學演講。
去聽聽看吧！

在那裡他遇見了後來的老師漢弗里・戴維。
今天我想跟大家談一談關於電的特性。
戴維老師！
什麼是電？
呃……
難道你也不知道？
抖抖抖
賈法尼曾經做過一場實驗：他在死去的青蛙腳上施加電流，結果青蛙的身體產生痙攣。
自從這個實驗之後，便有人誤以為電是生命的本質。

※小說《科學怪人》即是根據這種觀念寫成的作品。

為了不造成像這樣的誤解，討論科學的時候一定要謹慎小心才行。
是。

這時期的科學家還不明白，所謂的電流其實就是電子的流動。

定義上，電流是由正極往負極移動，但實際上，卻是帶負電的電子往正極移動才產生電。

發現這種電荷移動現象的人物，竟然是科學門外漢法拉第！

不過發現電子是粒子，是後來時代的事了。

只是為了讓讀者容易理解，我還是利用電子的概念說明。

這張圖就是電池的結構。

硫酸 H_2SO_4

將鋅片和銅片以銅線連接，放置在硫酸之中，

就會產生像這樣的化學反應,*造成電子流動，引發電流。

$\boxed{\text{十極}}$ $Zn \rightarrow Zn^{2+} + 2e^-$

$\boxed{\text{一極}}$ $2H^+ + 2e^- \rightarrow H_2$（氣體）

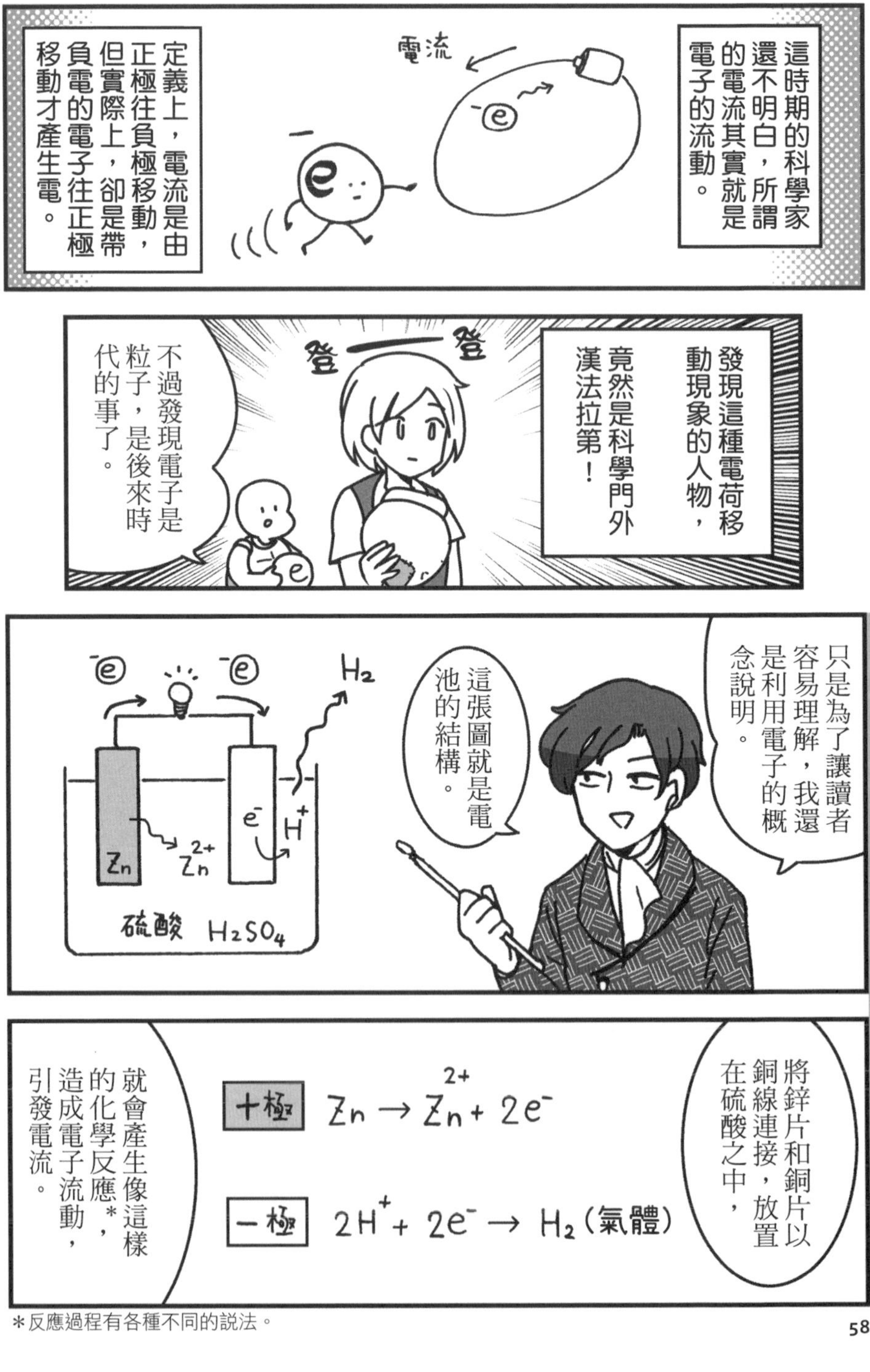

*反應過程有各種不同的說法。

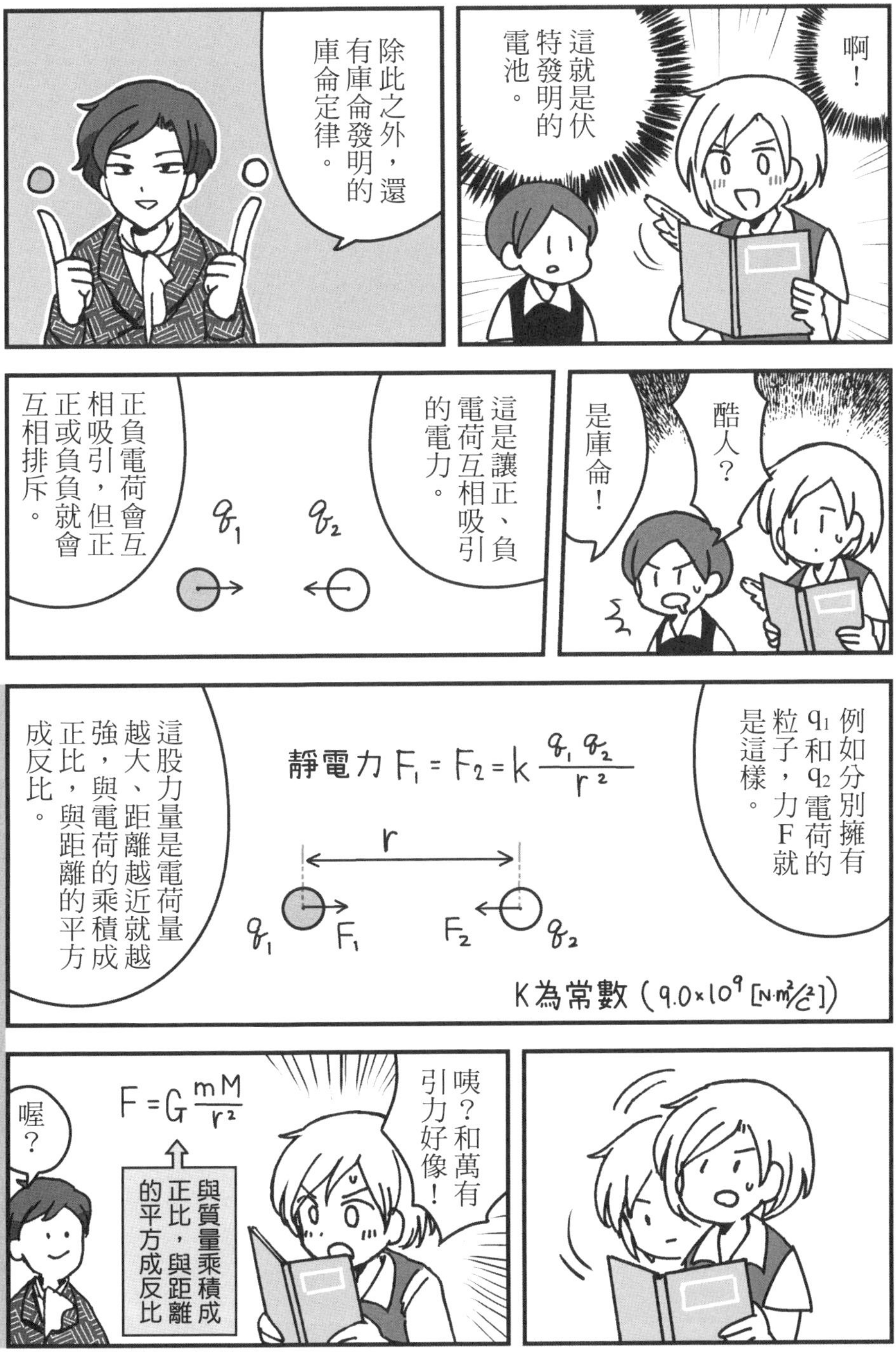
啊！
這就是伏特發明的電池。
除此之外，還有庫侖發明的庫侖定律。
酷人？
是庫侖！
這是讓正、負電荷互相吸引的電力。
正負電荷會互相吸引，但正正或負負就會互相排斥。
q_1 q_2
例如分別擁有q_1和q_2電荷的粒子，力F就是這樣。
靜電力 $F_1 = F_2 = k\frac{q_1 q_2}{r^2}$
r
q_1 F_1 F_2 q_2
這股力量是電荷量越大、距離越近就越強，與電荷的乘積成正比，與距離的平方成反比。
K為常數（9.0×10^9 [$N \cdot m^2/C^2$]）
咦？和萬有引力好像！
$F = G\frac{mM}{r^2}$
與質量乘積成正比，與距離的平方成反比
喔？

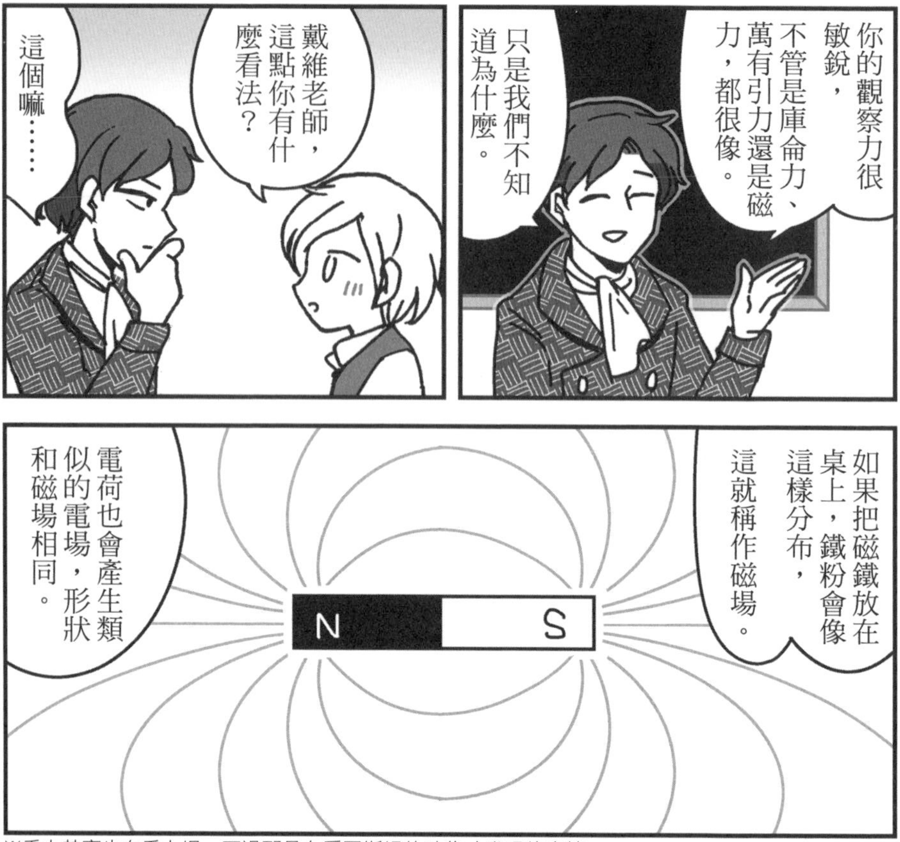
你的觀察力很敏銳，不管是庫侖力、萬有引力還是磁力，都很像。
只是我們不知道為什麼。
戴維老師，這點你有什麼看法？
這個嘛……
如果把磁鐵放在桌上，鐵粉會像這樣分布，這就稱作磁場。
N
S
電荷也會產生類似的電場，形狀和磁場相同。

※重力其實也有重力場，不過那是在愛因斯坦的時代才發現的事情。

很有趣吧！
太有趣了！
但是關於電，還有太多我們不知道的事情。

前幾天我也接到了「放置在電線旁邊的羅盤指針會振動」的報告。但我們無法得知這是在什麼條件下發生的。
雖然我也很好奇，不過現在化學的領域非常熱門，而我一來想要發現新元素，二來想要上課賺錢，
三來和上流階級的人往來、接受讚美也很讓人開心。
昏倒
結果就是完全沒有時間做電流實驗。
戴維是個在化學領域有不少發現的科學家。

※戴維是發現最多化學元素的科學家。

好，今天就講到這裡吧！
電流、磁針……
我好想替戴維老師做實驗啊！
法拉第聽了這場演講之後，對電非常感興趣。

後來——
戴維老師！
你來聽了好幾次演講，對吧？我幫你簽名！
謝謝！你人真好，但我不是來要簽名。
這個……是我在聽演講時寫下來的筆記。
噢！你寫得很好，簡直可以直接當成我的演講稿出版呢！
如、如果你不嫌棄的話，
請收我為徒弟！
徒弟？
抱歉，我不收徒弟的。
請別這麼說嘛！拜託。
不然你來當實驗助理，每星期給你25先令。
嗚嗚——
比印書廠的收入還少……
那也沒關係，請雇用我吧！

1813年，法拉第成為戴維的實驗助理，當時法拉第二十三歲。
漢弗里・戴維據說長得帥，談吐幽默，而且還曾經受英國國王贈予騎士封號。
不過因為他是平民出身，所以有著強烈追求功名的欲望。
法拉第的學歷是小學畢業。
今天我要參加貴族聚會，明天再來吧！
是！
喂！法拉第。
漢弗里夫人，有什麼事嗎？
我們要去旅行的行李準備好了嗎？
動作快一點！
喂！他是實驗助理，可不是傭人。
既然拿了薪水，當然要幫我們做事。
沒關係，我願意做。
真的嗎？你真是幫了大忙。

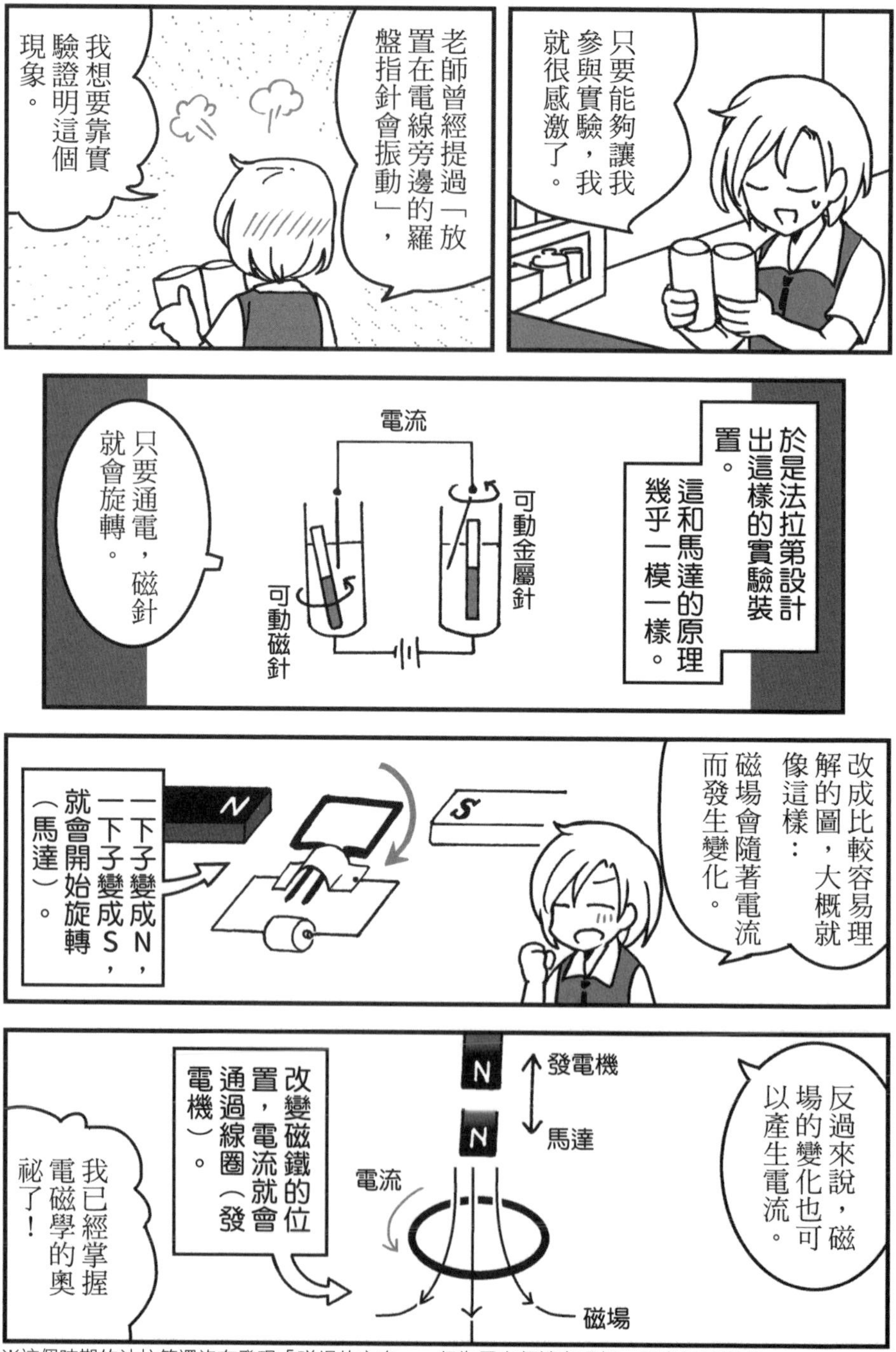
只要能夠讓我參與實驗，我就很感激了。
老師曾經提過「放置在電線旁邊的羅盤指針會振動」，
我想要靠實驗證明這個現象。
於是法拉第設計出這樣的實驗裝置。
這和馬達的原理幾乎一模一樣。
電流
可動金屬針
可動磁針
只要通電，磁針就會旋轉。
改成比較容易理解的圖，大概就像這樣：
磁場會隨著電流而發生變化。
N
S
一下子變成N，一下子變成S，就會開始旋轉（馬達）。
反過來說，磁場的變化也可以產生電流。
N
發電機
N
馬達
電流
磁場
改變磁鐵的位置，電流就會通過線圈（發電機）。
我已經掌握電磁學的奧祕了！

※這個時期的法拉第還沒有發現「磁場的方向」，但為了方便讀者理解，圖中加了箭頭。

立刻對外發表吧！
科學界對法拉第的論文讚譽有加（除了一個人之外）。
伏特
多虧了你，我們才能知道磁力的發生條件。
發明電池的伏特竟然稱讚了我！
太好了。
喂！
你好像玩得很開心。
戴維老師！我發現了磁力的……
抓住
你這個忘恩負義的傢伙，那可是我原本要做的實驗！
……
……
啊！
對不起，我忘記寫在論文裡了。
這可不是道歉就能解決！你怎麼可以沒提我的名字？

我馬上修改論文！
來不及了啦！
戴維，你冷靜點。
是你一直沒做實驗，這次的成果應該屬於法拉第。
更何況你在科學界已經有相當傲人的成就，何必和自己的徒弟爭功勞？
伏特！
這個電磁力的發現可是足以改變世界的偉大成就。
是啊！
戴維自己正是最清楚電磁力有多麼重要的人。
不久之後，法拉第成為獨立的科學家，更是全心投入於電磁力的研究之中。
冒出
繼續說下去之前，請容我插個話。

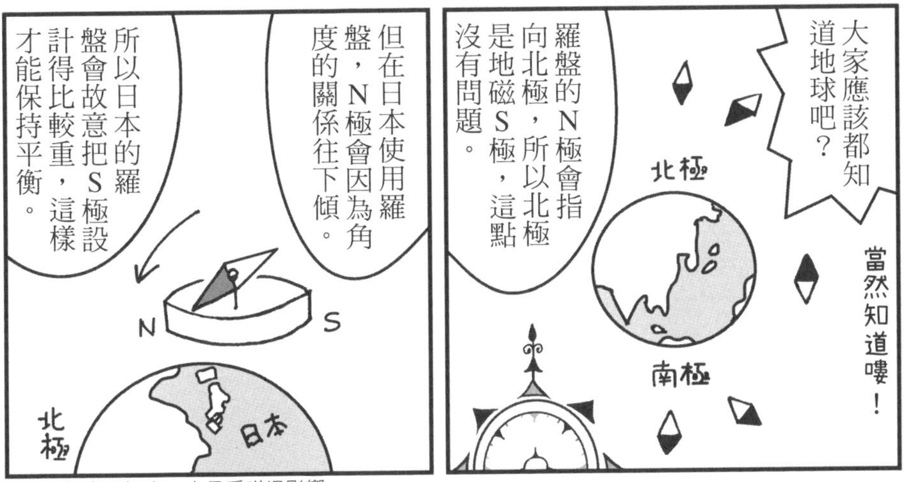
大家應該都知道地球吧？
當然知道嘍！
羅盤的N極會指向北極，所以北極是地磁S極，這點沒有問題。
北極
南極
但在日本使用羅盤，N極會因為角度的關係往下傾。
所以日本的羅盤會故意把S極設計得比較重，這樣才能保持平衡。
N
S
北極
日本

※南北極出現極光，也是受磁場影響。

如果將S極較重的日本羅盤拿到南半球使用……
好重！
N
S
磁力會將S極往下拉，再加上重量，磁針就會完全動彈不了。
是不是很有意思？打擾了。
這傢伙是想幹什麼？
啊！對了，
S
地球本身也有磁場，那是因為自轉造成電磁感應現象的關係。
關於地球的磁場，目前還有許多不解之謎，只能期待未來的研究成果。
你話太多了！
這些暫時先擱到一邊。

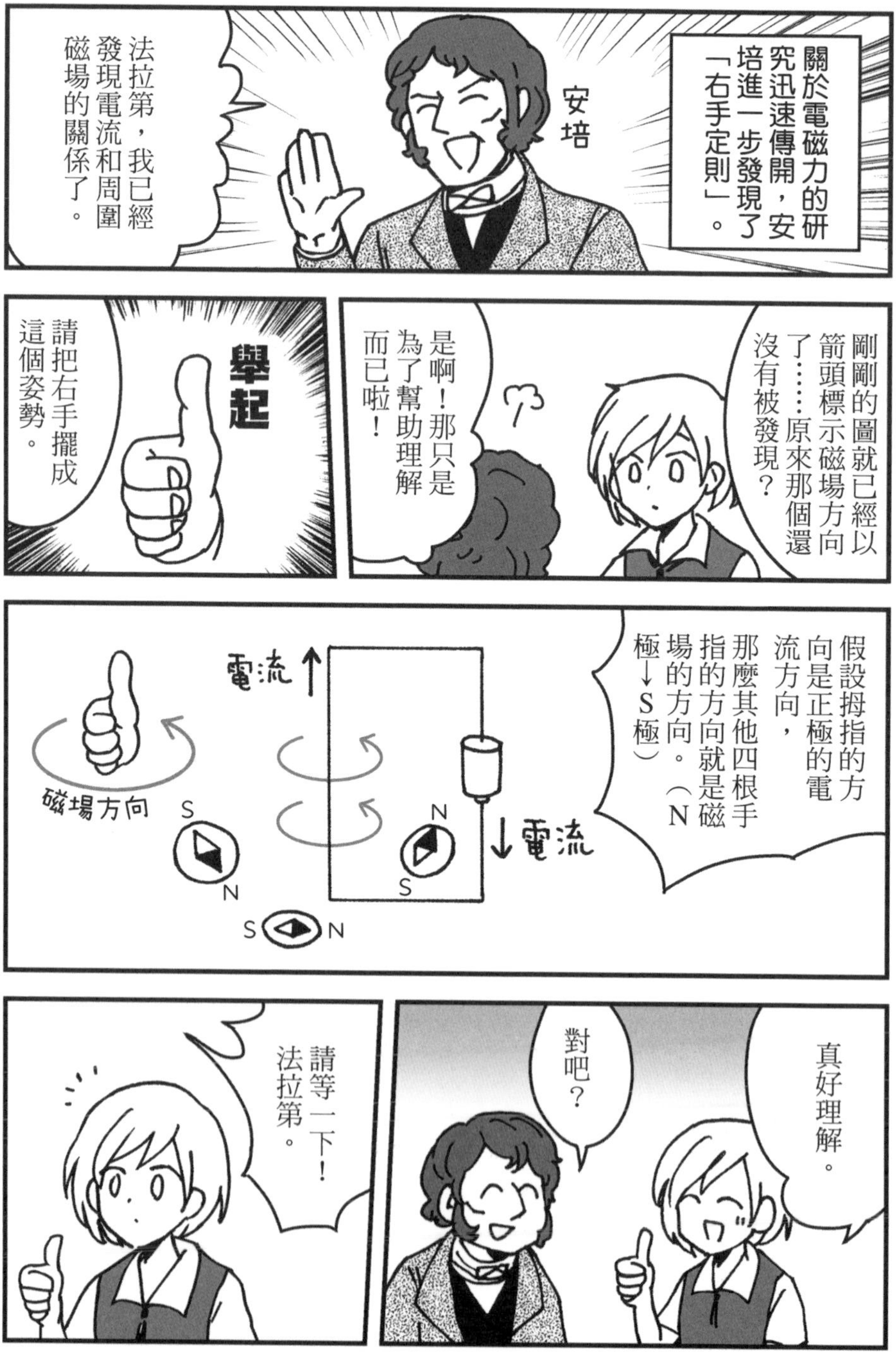

關於電磁力的研究迅速傳開，安培進一步發現了「右手定則」。
安培
法拉第，我已經發現電流和周圍磁場的關係了。
剛剛的圖就已經以箭頭標示磁場方向了……原來那個還沒有被發現？
是啊！那只是為了幫助理解而已啦！
舉起
請把右手擺成這個姿勢。
假設拇指的方向是正極的電流方向，那麼其他四根手指的方向就是磁場的方向。（N極→S極）
電流↑
↓電流
磁場方向
S
N
N
S
S
N
真好理解。
對吧？
請等一下！法拉第。

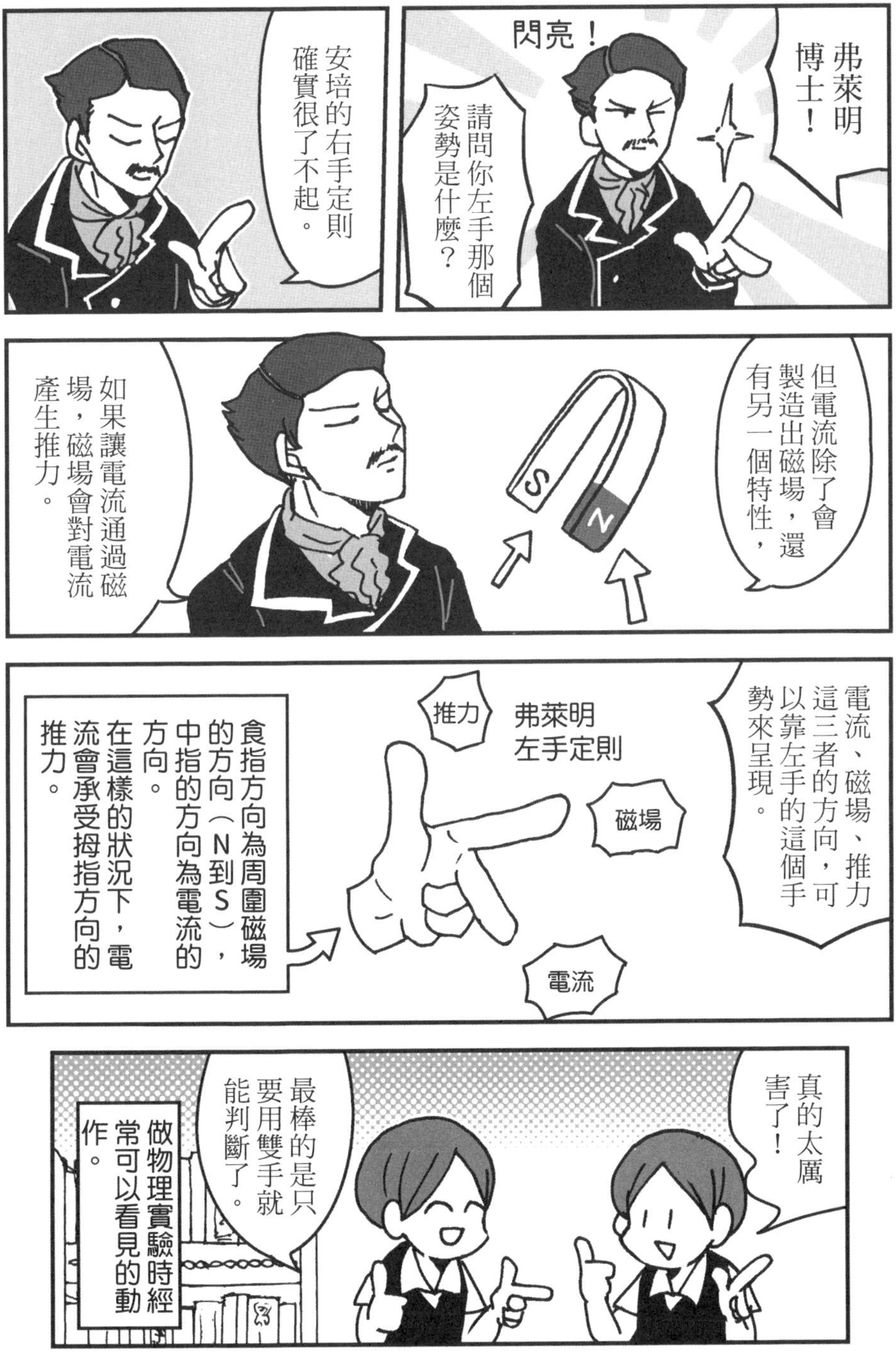
弗萊明博士！
閃亮！
請問你左手那個姿勢是什麼？
安培的右手定則確實很了不起。
但電流除了會製造出磁場，還有另一個特性，
如果讓電流通過磁場，磁場會對電流產生推力。
S
N
電流、磁場、推力這三者的方向，可以靠左手的這個手勢來呈現。
弗萊明左手定則
推力
磁場
電流
食指方向為周圍磁場的方向（N到S），中指的方向為電流的方向。在這樣的狀況下，電流會承受拇指方向的推力。
真的太厲害了！
最棒的是只要用雙手就能判斷了。
做物理實驗時經常可以看見的動作。

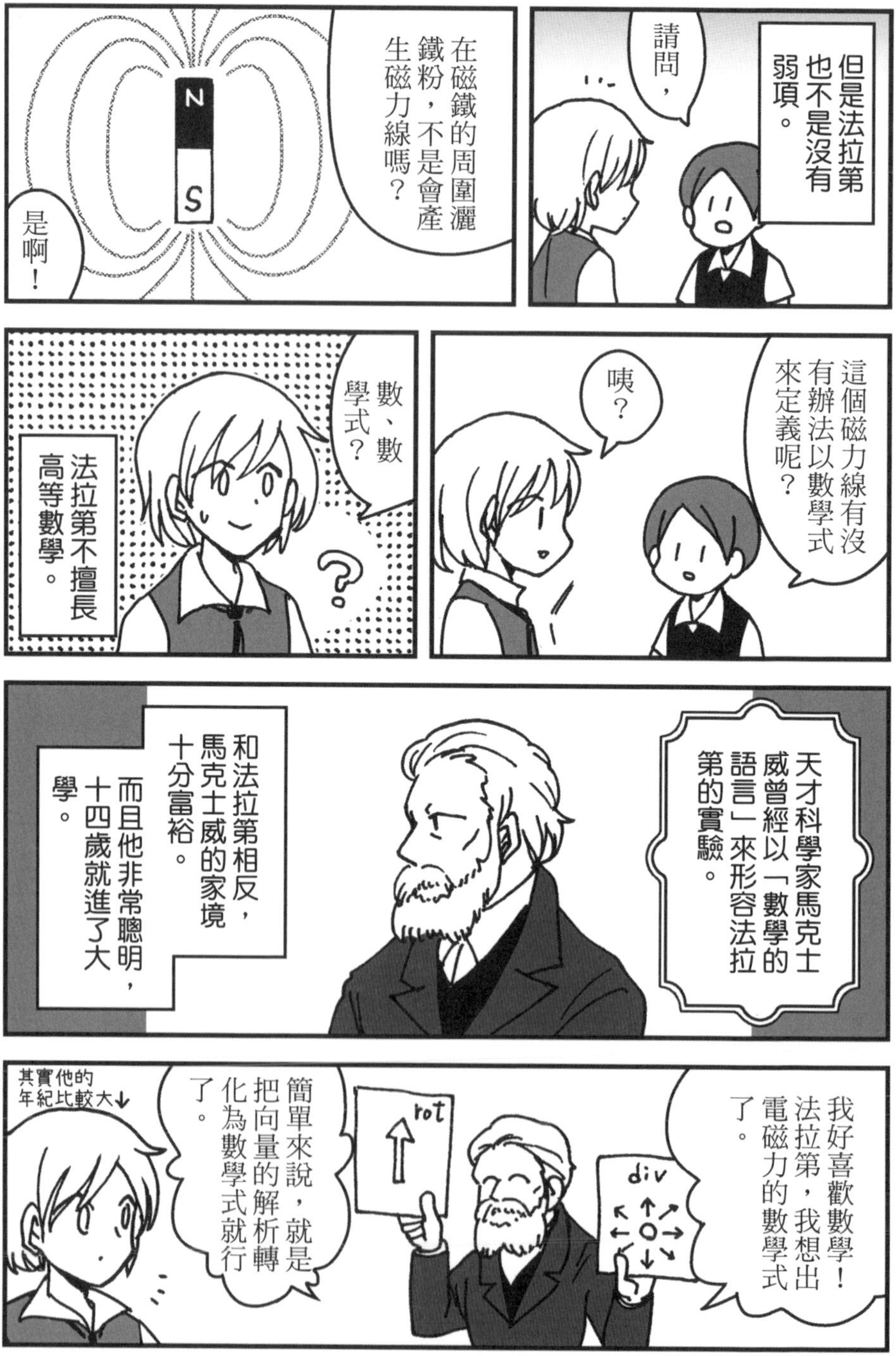

但是法拉第也不是沒有弱項。
請問，
在磁鐵的周圍灑鐵粉，不是會產生磁力線嗎？
N
S
是啊！
這個磁力線有沒有辦法以數學式來定義呢？
咦？
數、數學式？
法拉第不擅長高等數學。
天才科學家馬克士威曾經以「數學的語言」來形容法拉第的實驗。
和法拉第相反，馬克士威的家境十分富裕。
而且他非常聰明，十四歲就進了大學。
我好喜歡數學！法拉第，我想出電磁力的數學式了。
div
rot
簡單來說，就是把向量的解析轉化為數學式就行了。
其實他的年紀比較大↓

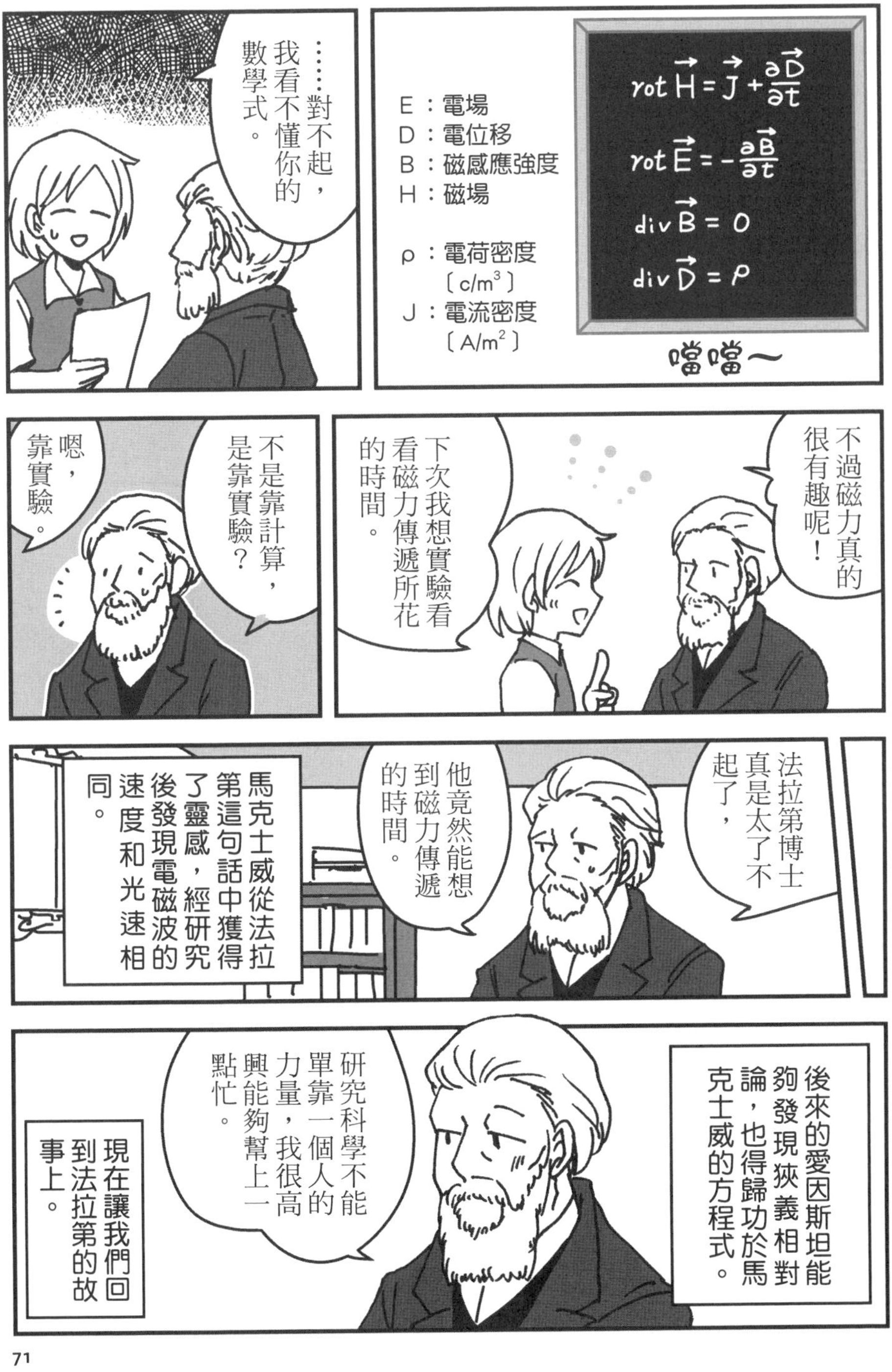
E：電場
D：電位移
B：磁感應強度
H：磁場
ρ：電荷密度〔c/m³〕
J：電流密度〔A/m²〕
$\mathrm{rot}\,\vec{H} = \vec{J} + \frac{\partial \vec{D}}{\partial t}$
$\mathrm{rot}\,\vec{E} = -\frac{\partial \vec{B}}{\partial t}$
$\mathrm{div}\,\vec{B} = 0$
$\mathrm{div}\,\vec{D} = \rho$
噹噹～
……對不起，我看不懂你的數學式。
不過磁力真的很有趣呢！
下次我想實驗看看磁力傳遞所花的時間。
不是靠計算，是靠實驗？
嗯，靠實驗。
法拉第博士真是太了不起了，
他竟然能想到磁力傳遞的時間。
馬克士威從法拉第這句話中獲得了靈感，經研究後發現電磁波的速度和光速相同。
後來的愛因斯坦能夠發現狹義相對論，也得歸功於馬克士威的方程式。
研究科學不能單靠一個人的力量，我很高興能夠幫上一點忙。
現在讓我們回到法拉第的故事上。

法拉第一生都維持著謙虛的態度。
要封我為騎士？我沒有那種資格啦！
他經常會為孩子舉辦淺顯易懂的聖誕節講座，其內容後來彙整為《蠟燭的化學史》一書。
蠟燭的化學史
法拉第
曾經妒忌過法拉第的老師戴維……
我這一生中最偉大的發現，就是發掘法拉第。
最後也忍不住這麼說。
這句話也未免太晚了。
唉！
伏特！
我也很高興能夠遇上戴維老師！
夠了，別刺激我了！
本書所介紹的科學家大多接受過高等教育，
但麥可・法拉第卻是憑藉著對科學的興趣，闖出了自己的一片天。
這個故事告訴我們擁有興趣並不需要任何資格。就算是再平凡的人也應該保有希望。

第4堂

熱力學

——「熵」是什麼意思？

熱力學中最難理解的概念，
大概就是「熵」了吧！
動畫或遊戲裡有時會提到這個字，但你知道是什麼意思嗎？
熵的狀態太危險了！
宇宙的規律會被打破！
好混亂！
常有人將熵形容成「混亂程度」，並且以咖啡和牛奶來譬喻。
當咖啡和牛奶還沒加在一起時，熵的程度很小。
但是慢慢把牛奶加進咖啡裡之後，開始變得混亂，熵的程度也逐漸增加，
最後咖啡和牛奶完全混雜在一起，
再也沒有辦法恢復成原本的狀態。
熵一旦增加就不會減少，
這就是「熵的不可逆性」。
……等等！
你是？
構思出「熵」這個概念的克勞修斯，就是我。
我從來沒聽過這種解釋方式！

我所定義的熵，是「防止熱能由溫度低處往高處流動的一道牆」，跟混亂程度毫無關係。
非常冷
STOP!
非常熱
剛開始的概念確實是這樣沒錯，
但是後來的人發現溫度其實是分子的運動能量，而熵的本質是分子的混亂狀態。
什麼？原來溫度會高是因為分子在運動嗎？
現在讓我們進入熱力學的主題吧。
EN
S
從引擎的發明和絕對溫度的發現，這些具實用性的科學，
衍生出能量、熵這些熱力學的觀念。
後來的量子力學也是從熱力學發展來的呢！
接下來請欣賞關於熱力學的故事吧！

熱力學的開拓者，是研究熱機起步的尼古拉・卡諾（1796～1832年）。
聽說他是個又帥又聰明的法國軍人，可惜才三十六歲就過世了。

※熱機：是會將內部提供的部分熱量轉為對外作功的裝置。

卡諾的父親是非常愛國的軍人政治家。
趾高氣昂
在法國大革命的鬥爭中，卡諾的父親贏得勝利，沒有遭到處刑。
WIN
但我畢竟只是個政治家。
法國的未來只能託付給那個人！那就是——
拿破崙
一世！

卡諾從小就與拿破崙往來。
你的父親幫了我很多忙呢！
真的嗎？
當然！
他不僅有才能，在科學上的造詣也很深。
真的是非常棒的領袖人物。
雖然現在我們法國的科學技術比不上英國，
但總有一天我會讓法國的科學成為世界第一。
喂！你有在聽嗎？
卡諾，你在做什麼？
伯伯，那是水車嗎？
我還是第一次近距離看見水車呢！能不能教教我，為什麼水車會轉動？
拿破崙大人，這孩子將來一定能有不凡的成就。
或許吧！

卡諾很喜歡科學，尤其是對引擎的結構非常感興趣。
蒸氣真是方便！能帶動渦輪，把穀物磨成粉，或是用來抽水……
未來蒸氣一定會取代馬車吧！

引擎的英文是engine，而engineer則泛指各領域的工程師，
從這點就可看出引擎在近代科學中占有非常重要的地位。
蒸汽機是靠燃燒石炭產生的蒸氣來推動的，
有沒有辦法設計出不使用燃料卻能永遠轉動的機器呢？

永動機是人類心中永遠的夢想！
W
q_H
$\eta = \frac{W}{q_H}$
熱效率η
功W
進入的熱能q_H
想要加以實現，就必須思考能量效率的問題。

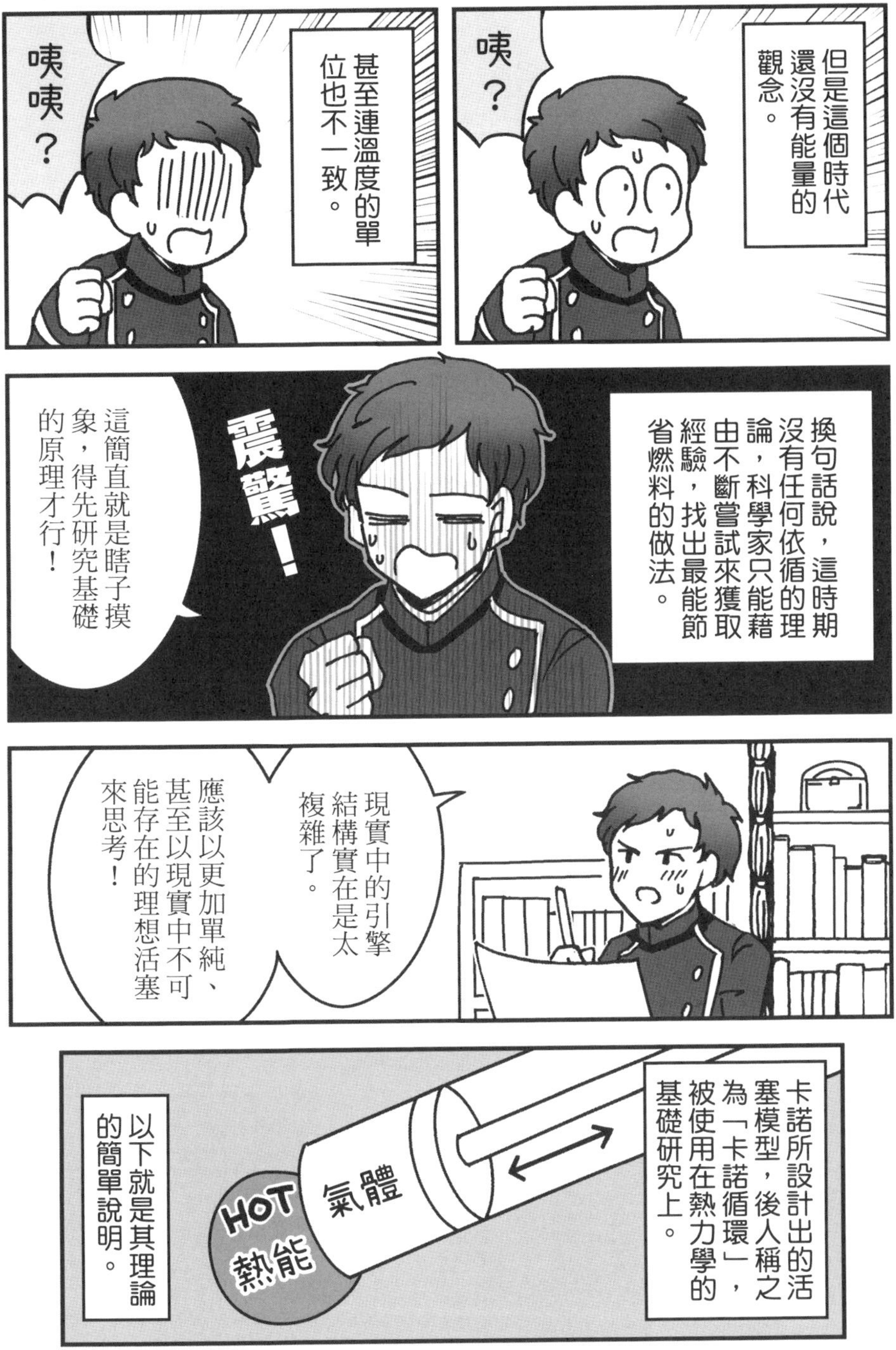

但是這個時代還沒有能量的觀念。
咦？
甚至連溫度的單位也不一致。
咦咦？
換句話說，這時期沒有任何依循的理論，科學家只能藉由不斷嘗試來獲取經驗，找出最能節省燃料的做法。
震驚！
這簡直就是瞎子摸象，得先研究基礎的原理才行！
現實中的引擎結構實在是太複雜了。
應該以更加單純、甚至以現實中不可能存在的理想活塞來思考！
卡諾所設計出的活塞模型，後人稱之為「卡諾循環」，被使用在熱力學的基礎研究上。
氣體
HOT
熱能
以下就是其理論的簡單說明。

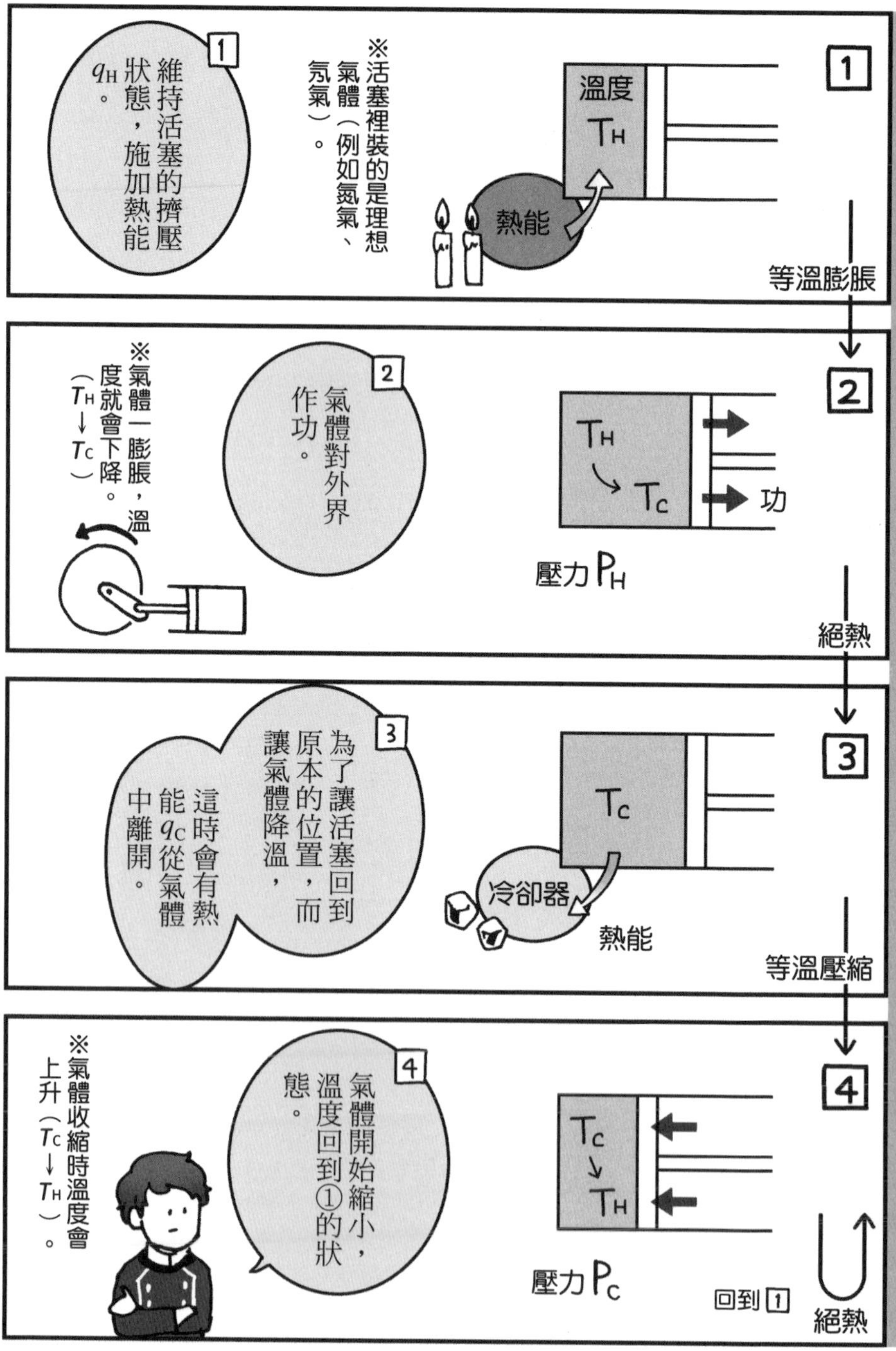
1
溫度
T_H
熱能
等溫膨脹
※活塞裡裝的是理想氣體（例如氮氣、氖氣）。
1
維持活塞的擠壓狀態，施加熱能q_H。
2
T_H → T_C
功
壓力 P_H
絕熱
2
氣體對外界作功。
※氣體一膨脹，溫度就會下降。（T_H → T_C）
3
T_C
冷卻器
熱能
等溫壓縮
3
為了讓活塞回到原本的位置，而讓氣體降溫，
這時會有熱能q_C從氣體中離開。
4
T_C → T_H
壓力 P_C
回到 1
絕熱
4
氣體開始縮小，溫度回到①的狀態。
※氣體收縮時溫度會上升（T_C → T_H）。

壓力P
體積V
1
2
3
4
高溫
熱機
低溫
q_H
W
q_C
因為作功時會流失一部分熱能，所以W＝q_H－q_C。
進來的熱量 流失的熱量 功
$q_H - q_C = W$ —①
$\frac{q_C}{q_H} = \frac{T_C}{T_H}$ —②
T：絕對溫度
熱效率η指的是與進入的熱能相比作了多少功。
根據①和②可知：
$\eta = \frac{W}{q_H} = \frac{q_H - q_C}{q_H} = 1 - \frac{T_C}{T_H}$ —③
當時其實還沒有熱能q的概念，此處是為了幫助讀者理解才使用。①~③也是後來的時代才推導出的數學式。
「卡諾循環」雖然為熱力學奠定了基礎，但他在三十六歲就去世，還來不及受到世人讚揚。
撕破
我怎麼掛了！
直到五十年後，卡諾的弟弟才發現他的論文，並且對外公開。
幹得好弟弟！
再加上焦耳等人發現了能量，卡諾的論文才開始受到重視。
接下來將介紹焦耳的故事。

出生於富裕的釀酒之家的詹姆斯・焦耳（1818～1889年），是一名英國科學家。
其實這時他才二十九歲
唔，大麥經過發酵後，溫度會上升，
或許熱能、電力、化學反應和力（功），
EN
$2H_2 + O_2 \rightarrow 2H_2O$
EN
EN（能量）
都能以相同的定量單位來表示呢！
這大膽的想法帶出「能量」的概念，單位就是「焦耳（J）」。
這雖然是劃時代的重大發現，當時的科學家卻無法理解。
能量？那是什麼古怪的理論？
我自己也搞不太清楚，但能量有著某種守恆的規則。
唉！
別鬧了，請你離開學會吧！

※當時是使用「熱質」來描述熱。

直到威廉・湯姆森的出現（後人所稱的克耳文男爵），才改變了焦耳的命運。
焦耳的理論相當有意思。
甚至可以說是顛覆傳統理論的重大發現。
克耳文男爵的父親和兄長都是大學教授，可說是出生於學者世家，他也在二十二歲時就當上了大學教授。
同時他也是「絕對溫度」的發現者。
T = t + 273
[K] [°C]
單位就是「克耳文（K）」。
既然克耳文男爵這麼說，或許是真的！
能量……可以用用看！
焦耳，聽說你是在家裡做實驗？
我有一些實驗的點子，
你願不願意和我合作？
可是……我已經被學會開除了。
29歲
23歲

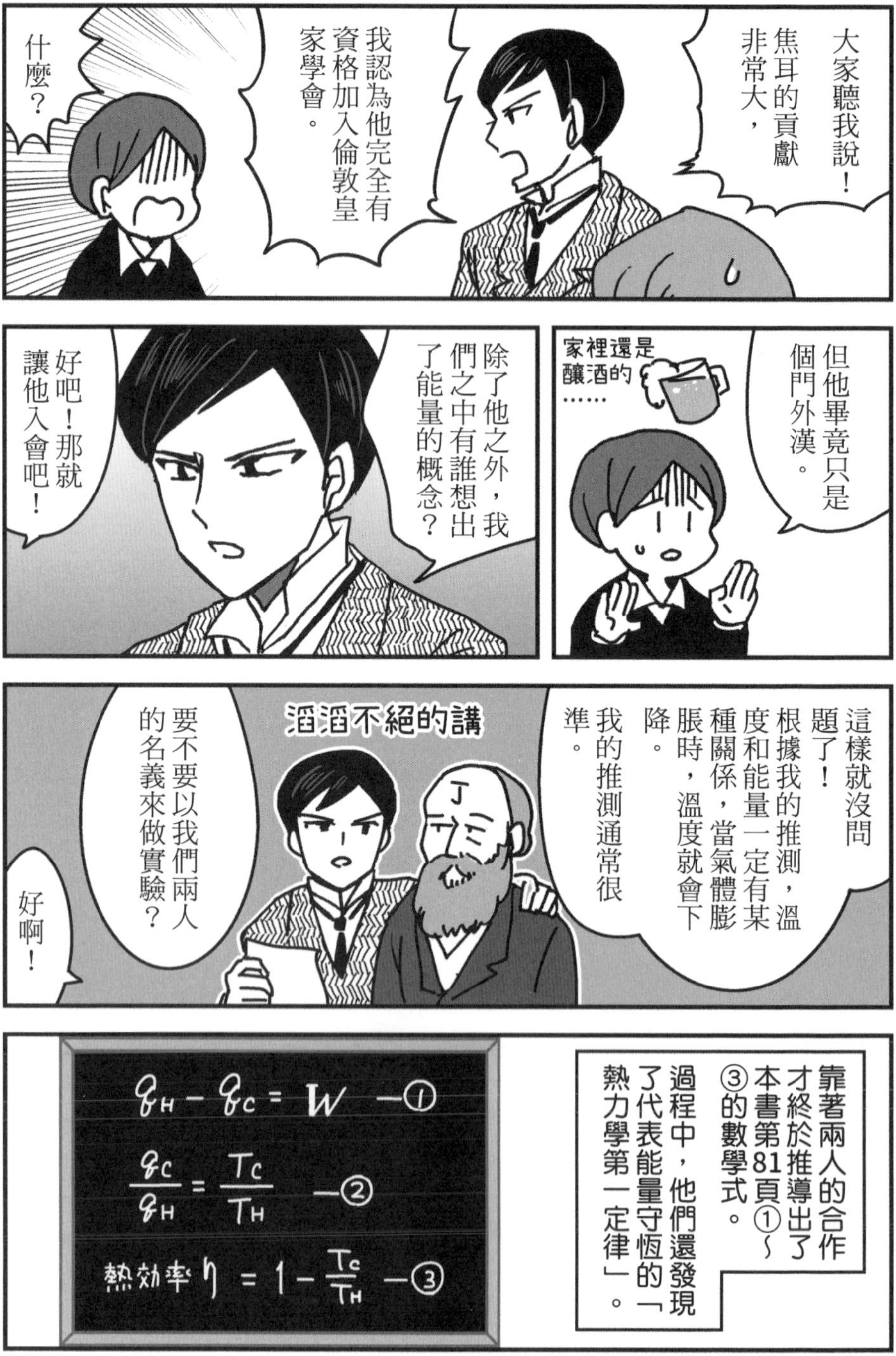
大家聽我說！焦耳的貢獻非常大，
我認為他完全有資格加入倫敦皇家學會。
什麼？
但他畢竟只是個門外漢。
家裡還是釀酒的……
除了他之外，我們之中有誰想出了能量的概念？
好吧！那就讓他入會吧！
這樣就沒問題了！根據我的推測，溫度和能量一定有某種關係，當氣體膨脹時，溫度就會下降。我的推測通常很準。
滔滔不絕的講
J
要不要以我們兩人的名義來做實驗？
好啊！
靠著兩人的合作才終於推導出了本書第81頁①～③的數學式。過程中，他們還發現了代表能量守恆的「熱力學第一定律」。
$q_H - q_C = W$ —①
$\frac{q_C}{q_H} = \frac{T_C}{T_H}$ —②
熱効率 $\eta = 1 - \frac{T_C}{T_H}$ —③

接下來終於又輪到熵登場了。
讓我等太久了吧！我是克勞修斯。
為什麼熱能會從溫度高的地方流向溫度低的地方？
咦？
冰塊會融於水……
熱氣騰騰
但不管是冷水還是熱水，都應該維持能量守恆才對。
可見得除了能量守恆之外，一定還有其他規則。
啊啊啊
現在要煩惱的事情是……
感覺變成科學家了呢！
克勞修斯於是想出了熵的概念。
當熱能在移動的時候，dS（熵）的狀態量就等於Q／T。
在可逆的絕熱過程中，熵的變化量是0。
但是在不可逆的絕熱過程中，熵的變化量會大於0。

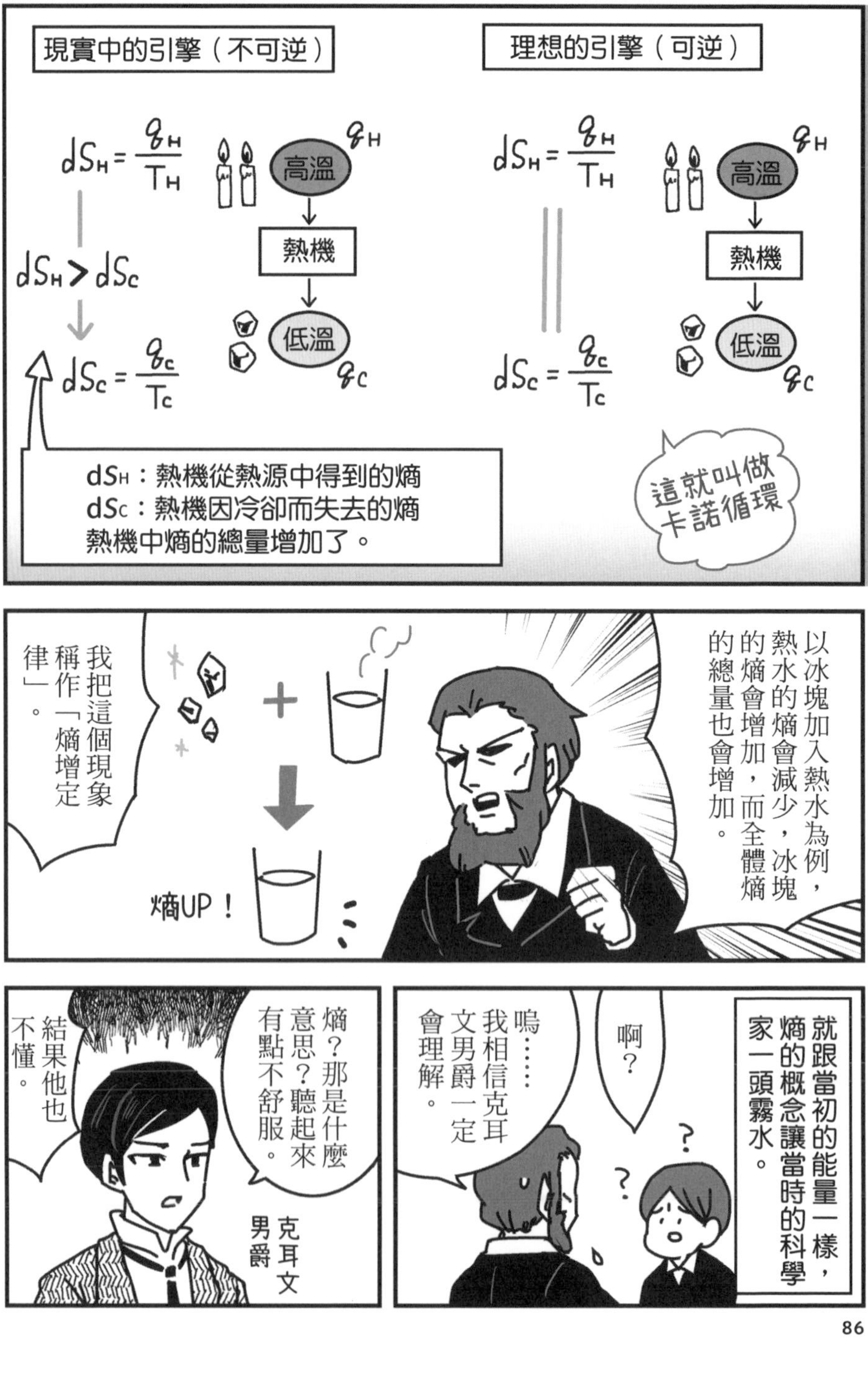
現實中的引擎（不可逆）
$dS_H = \frac{q_H}{T_H}$
$dS_H > dS_C$
$dS_C = \frac{q_C}{T_C}$
高溫
熱機
低溫
q_H
q_C
理想的引擎（可逆）
$dS_H = \frac{q_H}{T_H}$
$dS_C = \frac{q_C}{T_C}$
高溫
熱機
低溫
q_H
q_C
dS_H：熱機從熱源中得到的熵
dS_C：熱機因冷卻而失去的熵
熱機中熵的總量增加了。
這就叫做卡諾循環
以冰塊加入熱水為例，熱水的熵會減少，冰塊的熵會增加，而全體熵的總量也會增加。
我把這個現象稱作「熵增定律」。
熵UP！
就跟當初的能量一樣，熵的概念讓當時的科學家一頭霧水。
啊？
嗚……我相信克耳文男爵一定會理解。
熵？那是什麼意思？聽起來有點不舒服。
克耳文男爵
結果他也不懂。

克勞修斯不死心
熵會不斷增加！熱能不會主動從溫度低的環境，流向溫度高的環境！
好像有道理……
最後克勞修斯的理論獲得認同，成為熱力學的第二定律。
熱力學的三大要素終於湊齊了！
能量
Q
[J]
J
焦耳
絕對溫度
T
[K]
克耳文
熵
S
[J/K]
克勞修斯
仔細想想，我們日常生活中所使用的溫度，也很不可思議呢！
所有的分子要到零下273℃才會停止運動，動能為0。
光是這點就很讓人吃驚。

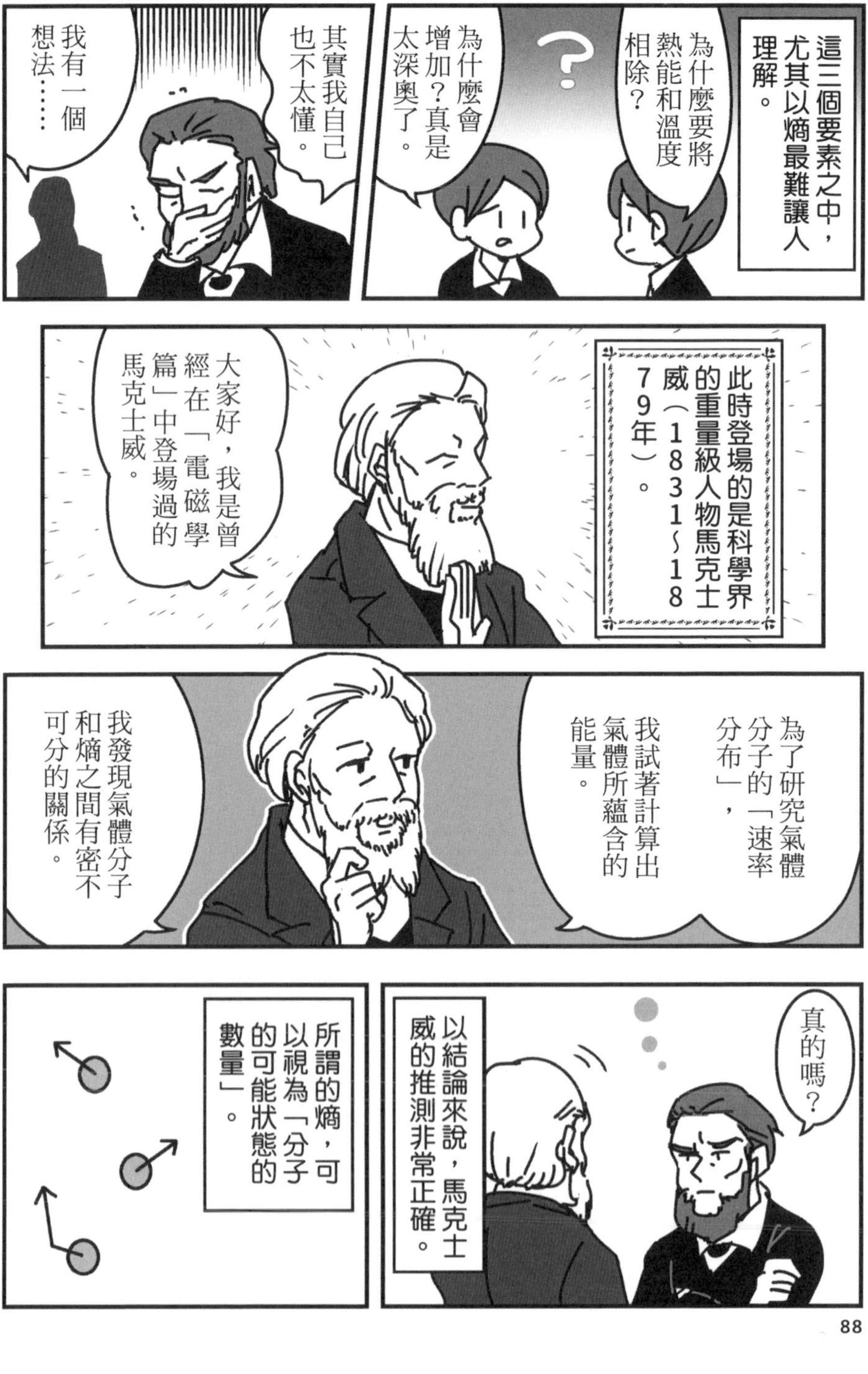
這三個要素之中，尤其以熵最難讓人理解。
為什麼要將熱能和溫度相除？
?
為什麼會增加？真是太深奧了。
其實我自己也不太懂。
我有一個想法……
此時登場的是科學界的重量級人物馬克士威（1831～1879年）。
大家好，我是曾經在「電磁學篇」中登場過的馬克士威。
為了研究氣體分子的「速率分布」，我試著計算出氣體所蘊含的能量。
我發現氣體分子和熵之間有密不可分的關係。
真的嗎？
以結論來說，馬克士威的推測非常正確。
所謂的熵，可以視為「分子的可能狀態的數量」。

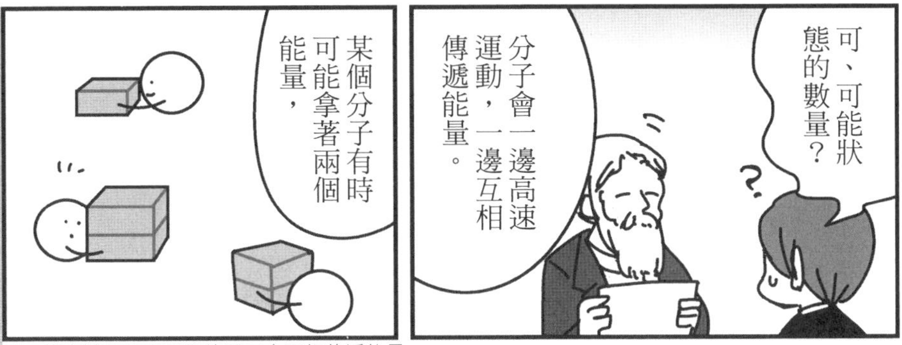
可、可能狀態的數量？
分子會一邊高速運動，一邊互相傳遞能量。
某個分子有時可能拿著兩個能量，

※嚴格來說，是分子內的電子會互相傳遞能量。

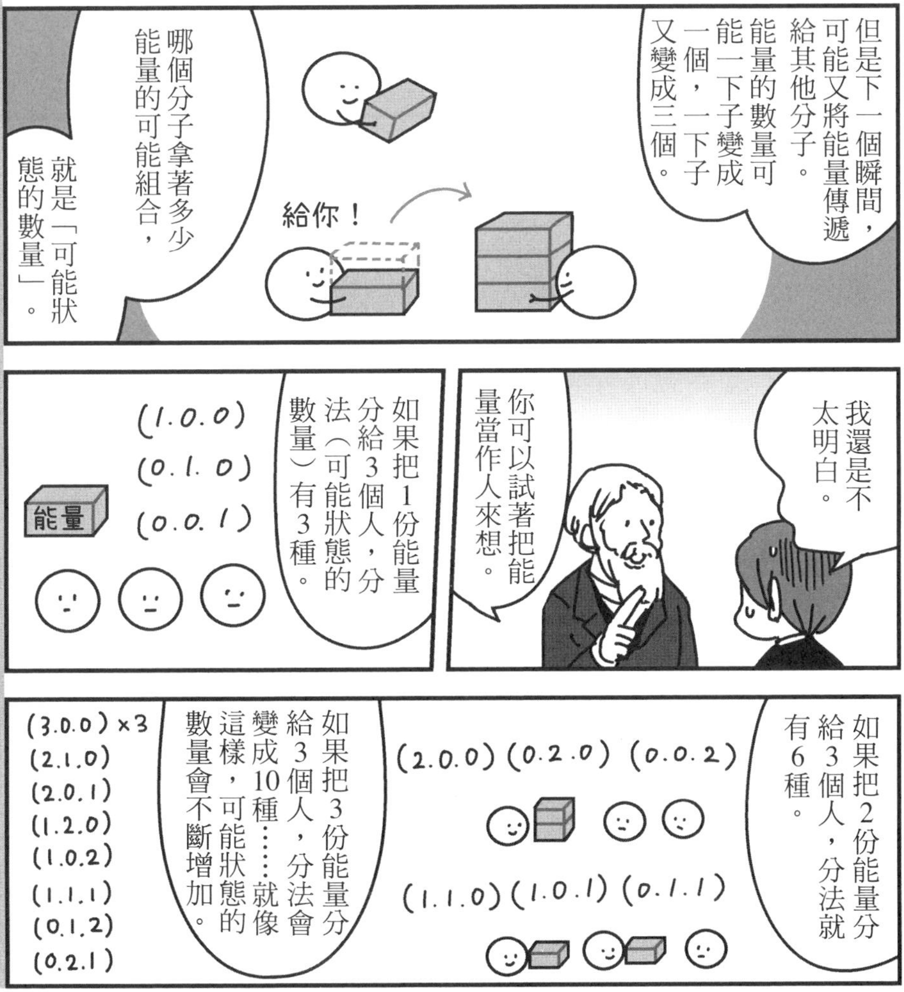
但是下一個瞬間，可能又將能量傳遞給其他分子。能量的數量可能一下子變成一個，一下子又變成三個。
給你！
哪個分子拿著多少能量的可能組合，就是「可能狀態的數量」。
我還是不太明白。
你可以試著把能量當作人來想。
如果把1份能量分給3個人，分法（可能狀態的數量）有3種。
(1.0.0)
(0.1.0)
(0.0.1)
能量
如果把2份能量分給3個人，分法就有6種。
(2.0.0) (0.2.0) (0.0.2)
(1.1.0) (1.0.1) (0.1.1)
如果把3份能量分給3個人，分法會變成10種……就像這樣，可能狀態的數量會不斷增加。
(3.0.0)×3
(2.1.0)
(2.0.1)
(1.2.0)
(1.0.2)
(1.1.1)
(0.1.2)
(0.2.1)

能量和分子的數量越多，就會越複雜……
能量
分子
可能狀態的數量越多，熵就會越多。
大概懂了。
但這個可能狀態的數量到底有多少呢？
假設分子是6×10的23次方……
可能狀態的數量就是10的100 000 000 000 000 000 000 000次方。
輕描淡寫
太多0了吧！千萬億兆京……總共有1000垓？
10 10 23
這也太誇張了！
這麼大的數字要怎麼寫啊？
1000000000
000000000
代表熵的S通常是以「對數」來表示。
S = k log W
log W ≒ 2.303 log10 W
可能狀態的數量W
100的話就是2、1000的話就是3
10的15次方的話就是15
對數用來表示龐大數字相當方便！
……不過發表了以上這些論點的人並不是我，而是波茲曼。
這裡的k稱作「常數」。
波茲曼
說得好像是你想的一樣。還好我胸襟夠寬闊，
不、不好意思……

※波茲曼是相當悲慘的科學家，最後因憂鬱症而自殺。他的墳墓上刻著「$S=k\log W$」。

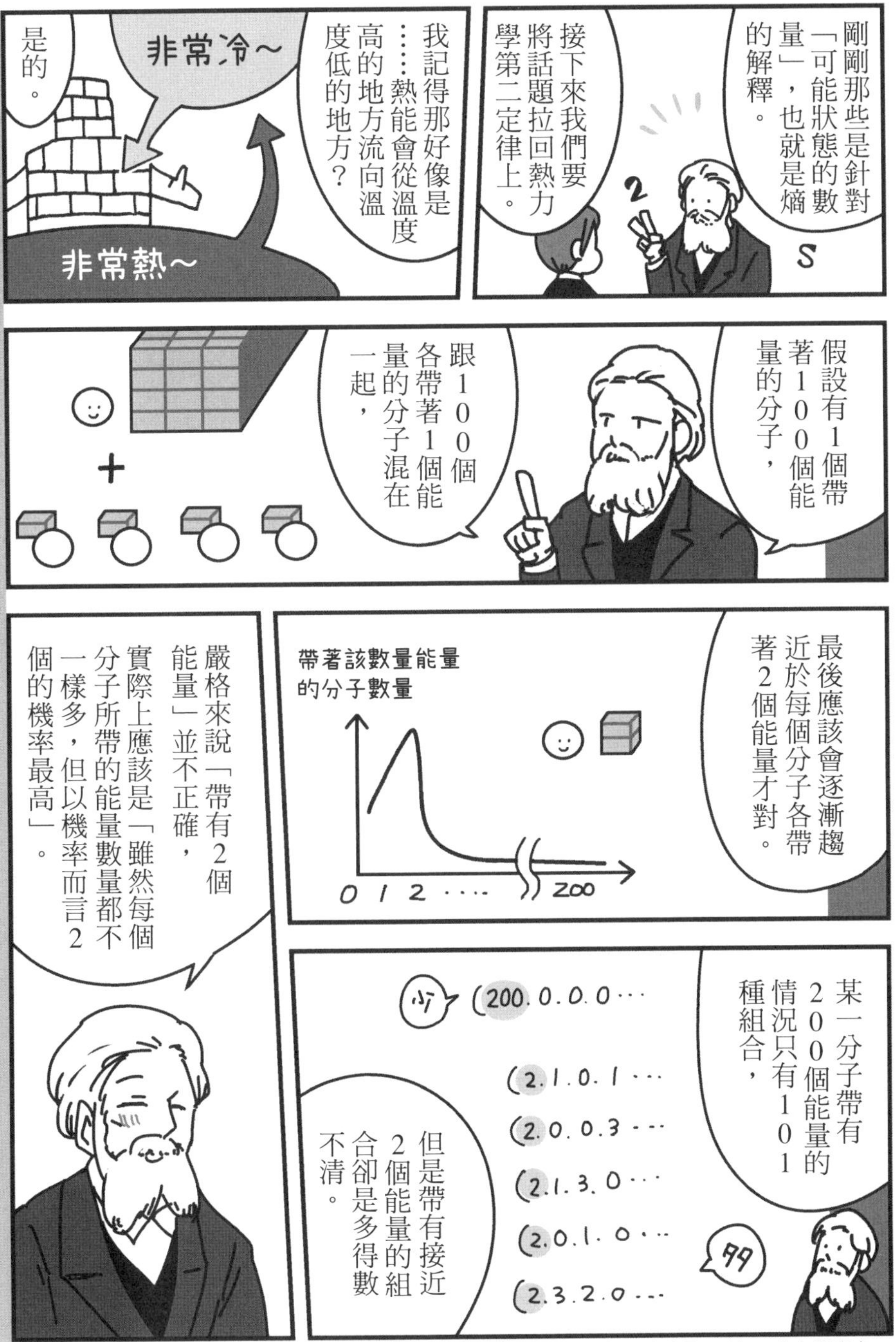
剛剛那些是針對「可能狀態的數量」，也就是熵的解釋。
S
2
接下來我們要將話題拉回熱力學第二定律上。
我記得那好像是……熱能會從溫度高的地方流向溫度低的地方？
非常冷～
非常熱～
是的。
假設有1個帶著100個能量的分子，
跟100個各帶著1個能量的分子混在一起，
最後應該會逐漸趨近於每個分子各帶著2個能量才對。
帶著該數量能量的分子數量
0 1 2 ‥‥ 200
嚴格來說「帶有2個能量」並不正確，實際上應該是「雖然每個分子所帶的能量數量都不一樣多，但以機率而言2個的機率最高」。
某一分子帶有200個能量的情況只有101種組合，
(200. 0. 0. 0‥‥
(2. 1. 0. 1‥‥
(2. 0. 0. 3‥‥
(2. 1. 3. 0‥‥
(2. 0. 1. 0‥‥
(2. 3. 2. 0‥‥
但是帶有接近2個能量的組合卻是多得數不清。

※真實生活中的分子數量往往是10的23次方那麼多。

簡單來說，熵的意思就是分子所帶能量的「可能狀態的數量」，「可能狀態的數量」一旦增加，就不會再減少？
這就是我在一開頭所說的「熵的不可逆性」。
……
(0.1.2.2…
(1.1.3.1…
(2.1.2…
可是……能量的多寡也有可能包含小數吧？
為什麼每個分子所帶的都是整數倍的能量？
我也不知道。
你也不知道？
反正這樣算能夠符合真實世界的狀況，何必管那麼多？
當然要管！我想知道理由！
唔……我們只是這樣假設，並不是真的每個分子都帶整數倍的能量啦！
沒錯。
在量子力學出現之前，並沒有人真的認為「分子帶的能量必定為某數值的整數倍」。

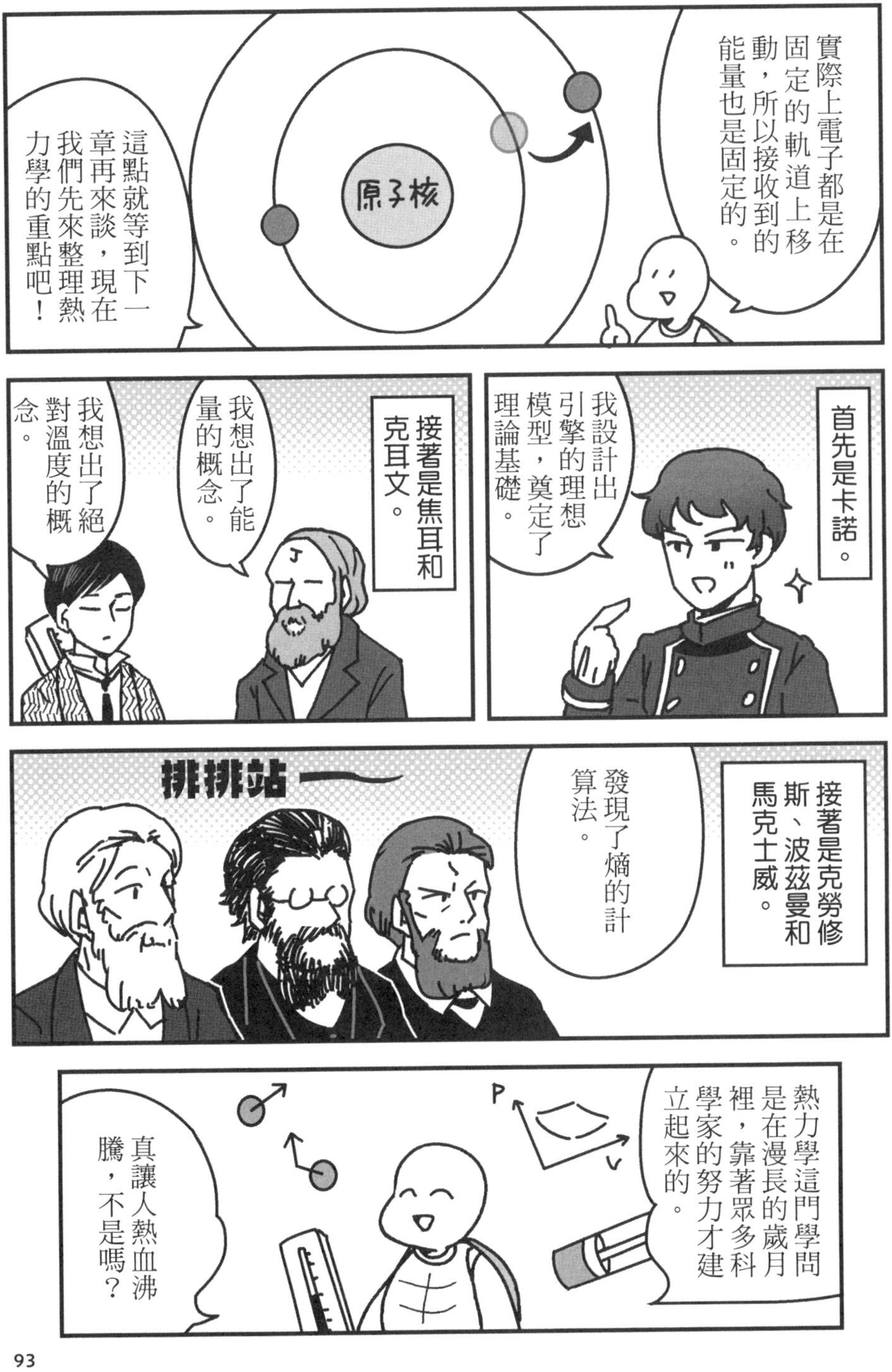
實際上電子都是在固定的軌道上移動，所以接收到的能量也是固定的。
原子核
這點就等到下一章再來談，現在我們先來整理熱力學的重點吧！
首先是卡諾。
我設計出引擎的理想模型，奠定了理論基礎。
接著是焦耳和克耳文。
我想出了能量的概念。
我想出了絕對溫度的概念。
接著是克勞修斯、波茲曼和馬克士威。
發現了熵的計算法。
排排站——
熱力學這門學問是在漫長的歲月裡，靠著眾多科學家的努力才建立起來的。
真讓人熱血沸騰，不是嗎？

他是美國的科學家威拉德・吉布斯（1839～1903年）。
寫實畫風！
主要貢獻是發現了自由能量。
他出生於美國的鄉下，一輩子不曾離開過故鄉。
收入微薄的大學教授。
因為學生不太喜歡我，沒什麼機會賺外快，
而這工作的唯一好處是能盡情做研究。
某一天。
吉布斯，熱力學可是這幾年最熱門的學問！
馬克士威的書很有意思，你也來讀一讀吧！
真的挺有意思。
對吧？

馬克士威真的是個天才！
從氣體的速度分布到能量，全部都計算得出來。
簡直像個魔法師！
等等……！
關於熵的解釋似乎有點不太對，我來寫一封訂正信給他。
真拿他沒辦法！
你在說什麼啊？我在上一格說的話你聽見了嗎？
英國
美國
馬克士威收到了沒沒無聞的教授寄來的訂正文。

震驚～
大家快來看！
發生什麼事了？
你們看看這個！
？
這太難理解了……
對不起。
我不是要你們看我的著作！
這位吉布斯輕而易舉的解決了讓我們大感頭痛的問題！
我真是太感動了！忍不住製作了他所設計的曲面圖石膏模型。
這麼感動？
石膏模型總共製作了三個，其中一個就送給他吧！
「我想要向大家介紹你，願不願意寫一本小論文來闡述你的研究？」
一封信就讓他著迷成這樣。
他真的很喜歡科學家。

※科學家卡文迪西（首位精準測出地球密度的人）過世後，馬克士威曾受家屬委託整理其論文。

吉布斯於是寫了論文。
馬克士威真是個怪人。
學生明明都很討厭我。
這篇論文厚達一百四十頁，裡頭有三百五十三條數學式。
這根本不是小論文！
找不到能刪除的內容。
某位教授讀完後說了這樣的話。
對不起，這對我來說太難了。
遞出……
大概只有馬克士威能讀得懂吧！
吉布斯的論文雖然內容並沒有錯，
讀懂了
但因為太難，其他科學家還幫忙加了註解。
沒有任何比喻或說明協助，會很不好懂。
天才就是這點讓人困擾……
最後內容暴增為將近十倍。
你在開玩笑嗎？
1300P

科學小專欄③

現在的公制單位，是在法國大革命時期制定的。在那之前，即使是相同單位，內容也會因地區而有所差異。

第5堂

量子力學

——神也會擲骰子？

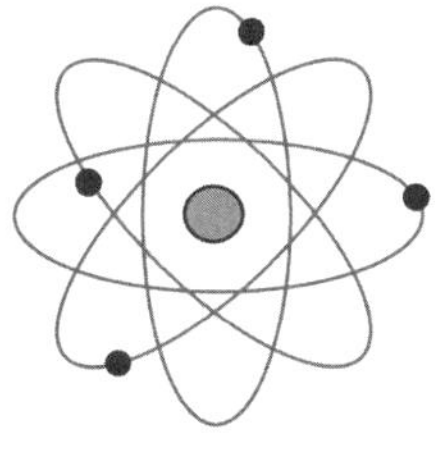

量子力學終於要登場了。
從前的牛頓……
物體只要具備明確的初期條件，就可以預測其運動模式。
就是F＝ma啦！
這是全宇宙的真理。
曾經這麼認為。
就這樣牛頓所主張的力學原理在全世界大流行！
但是……
在微觀的原子世界裡，牛頓的運動方程式似乎不成立。
咦？
真的耶！有誤差！
是吧！
咦？
不然以後就稱牛頓的力學理論為「古典力學」好了。
點頭
等等！不會吧？
難道你們覺得我的理論已經過時了嗎？真是失禮！
好惡毒啊！
物理學在進展的過程中，之前的理論會不斷的被修正……每個科學家都必須狠心推翻前人辛苦發現的理論，也必須覺悟自己的理論可能會被推翻。

在1900年，馬克思・普朗克（1858～1947年）開闢了量子力學的新研究領域。
雖然他在學術上顛覆了傳統思想，但本人卻是非常保守的德國人。
關於普朗克，愛因斯坦曾經說過這麼一句話：
我從普朗克身上得到的幫助，比其他所有人的幫助加起來還要多。
普朗克的祖先都有著中規中矩的身分。
公務員
神學教授
律師
他本人也是非常中規中矩的人。
我要為德國貢獻心力！
年輕時，他曾經想當個音樂家。
你說我有音樂家的資質嗎？
如果連這都還得問別人的話，我勸你打消念頭。
有道理。
幸好他真的放棄了（站在科學發展的角度來看）。

如今的德國需要高品質的鐵。
嗯。
要提高鐵的品質，就必須先測量熔爐的溫度。
嗯。
因此我一直在實驗高溫物質的光芒顏色（波長）和溫度的關係。
閃亮
真是淺顯易懂的目的與實驗！
過去幾乎沒有這麼令人容易理解的科學家！
我喜歡明白好懂的事情。
一本正經
太棒了！
但是……
在實驗的過程中，我有了新發現。
一本正經
什麼新發現？
那就是光的能量必定為某個最小單位的整數倍的「量子假說」……
這有點複雜，請聽我解釋。

首先我想說明光的基本知識。
例如紅色的東西會吸收紅色以外所有顏色的光；藍色的東西會吸收藍色以外所有顏色的光……這個應該沒問題吧？
這個我知道！
那白色和黑色又是怎麼回事，你知道嗎？
白色是反射所有的光，黑色是吸收所有的光！
沒錯！
現在我假設有一種不存在於現實中的物體，稱為「黑體」。
……
舉起
剛剛的內容明明很好懂……
為什麼物理學老是喜歡搞出一些不存在的東西？

※請放心，現實中有一種名為「黑體爐」的儀器，可以達到接近黑體的效果。

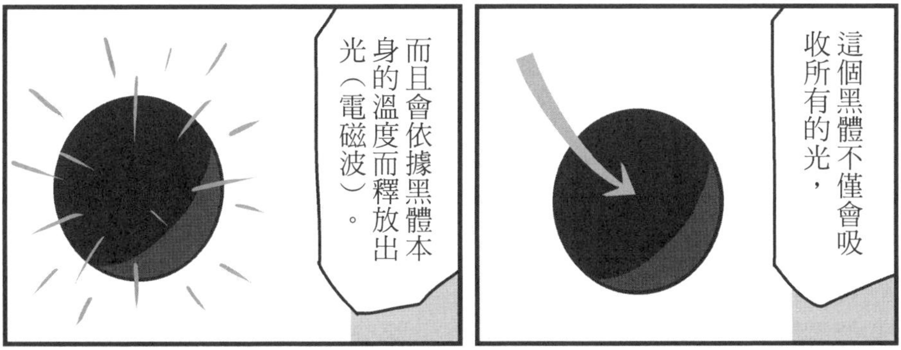
這個黑體不僅會吸收所有的光，
而且會依據黑體本身的溫度而釋放出光（電磁波）。

簡單來說，黑體就是一種輕巧迷你卻又兼具黑洞和超新星特性的物質。
吸收模式
放射模式
哇……

※請容我再次強調，現實中的黑體爐能達到類似的效果。

根據觀測的結果，黑體的溫度較低時會釋放出較多紅光，也就是波長較長的光。
低溫

而溫度較高時，會釋放出較多藍白色之類波長較短的光。
高溫

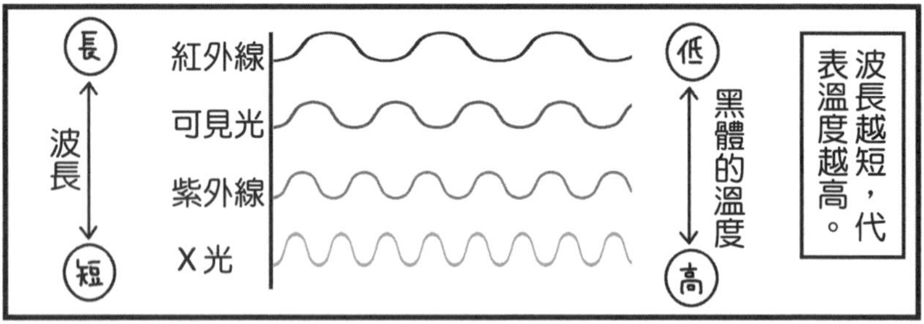
波長越短，代表溫度越高。
低
黑體的溫度
高
紅外線
可見光
紫外線
X光
長
波長
短

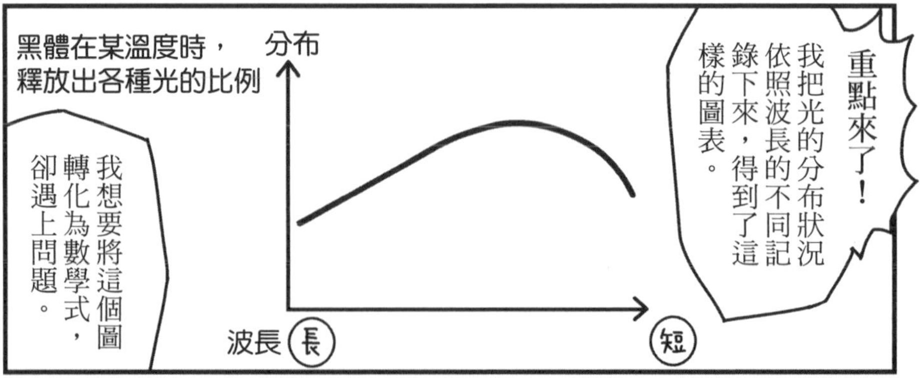
重點來了！
我把光的分布狀況依照波長的不同記錄下來，得到了這樣的圖表。
黑體在某溫度時，釋放出各種光的比例
分布
波長
長
短
我想要將這個圖轉化為數學式，卻遇上問題。

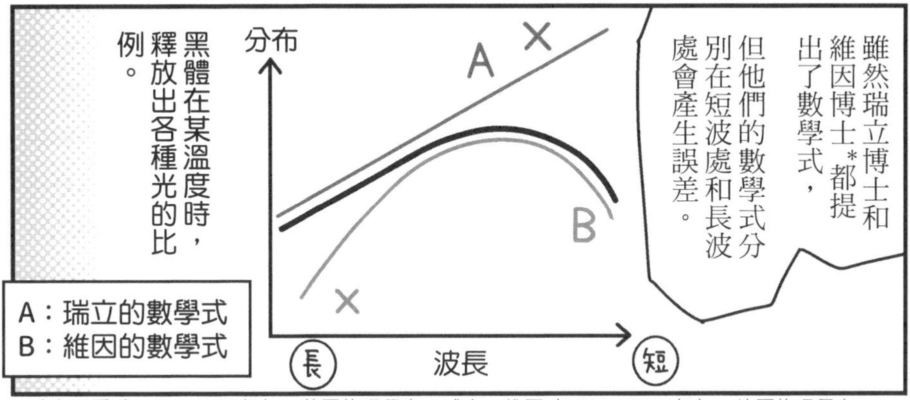
雖然瑞立博士和維因博士*都提出了數學式，
但他們的數學式分別在短波處和長波處會產生誤差。
黑體在某溫度時，釋放出各種光的比例。
分布
A
B
波長
長
短
A：瑞立的數學式
B：維因的數學式

＊瑞立男爵（1842～1919年），英國物理學家；威廉・維因（1864～1928年），德國物理學家。

出現誤差代表數學式不正確。
推眼鏡
所以就要找出對的。
推 推
此時普朗克採取了一個劃時代的方法。
我假設光所釋放出的能量並不連續，
而是一種能夠以E＝nhν來描述的非連續性數值，
例如頻率ν為1的光，會釋放出h、2h、3h……數值的能量，
這是一種不會出現小數的非連續數值。
E＝nhv
（n＝0, 1, 2, ……）
h：普朗克常數
v：頻率
結果計算出的線形完全吻合！

但這種非連續數值，真的可能出現在現實中嗎？
……
我這個假設或許錯得離譜。
連你自己也沒有自信？
一本正經
但是計算出的數值確實符合觀測結果，
振子（光）所帶有的能量，與振子的頻率ν的整數倍成正比。
光波
於是這套量子假說在科學界傳開來。
光所釋放出的能量為非連續數值，不會釋放出非整數倍的能量。
若站在牛頓力學的角度來看，這是絕對不可能發生的事。
不是0就是1……簡直像電腦的演算法。
普朗克先生，你認為原因是什麼？
這……
他又給了個一問三不知的答案！
為這個現象提供了解答的人物，是尼爾斯・波耳！

尼爾斯・波耳（1885～1962年）和普朗克並稱為量子力學領域的兩大元老。
波耳就跟愛因斯坦一樣，很不擅長言詞表達。
但波耳的弟弟不僅成績優秀，而且一看就知道相當聰明。
弟弟
波耳
相較之下，波耳顯得有點傻裡傻氣。
有一天……
喂！尼爾斯。
你把腳踏車拆了？
親戚
……
組得回來嗎？
……
組不回來，對吧？
真拿你沒辦法，我找人來修理吧！
等一下！

你別打擾波耳！他很清楚自己在做什麼。
波爾的父親沒有打擾波耳，反而責備了親戚。
多虧父親，波耳才能夠安心繼續研究腳踏車零件，
最後將它恢復原狀。
做得很好！
此外還發生過這種事……
你的作文又沒有寫完？
嗯
尼爾斯雖然做事認真，但有點笨拙呢！
是不是應該多教他學習的技巧？
不……他是個真正的天才，你不用煩惱。

不久之後，波耳開始展現出物理學上的天分，但因為不擅長寫文章，在寫論文時吃了不少苦頭。
深思熟慮不是壞事，但論文是有截稿期限的。
唔……
別再露出不滿意的表情。
快點交出去吧！
太好了，終於趕上了！
呼——
咦！怎麼了？
有個地方不太對，我想交一篇訂正文。
你太鑽牛角尖了啦！
這篇畢業論文的研究主題是金屬的電子理論，但當時在丹麥研究電子的人很少，
因此波耳發表論文的時候，很多人都抱著學習的心態前來聆聽。
原來如此。
真有意思啊！
不愧是波耳（期待）！
不會吧？

我想要繼續研究原子和電子的結構，但是在丹麥可能有困難。
因為研究原子領域最有名的科學家……
是英國的湯姆森博士，
以及拉塞福博士。
波耳首先拜訪了湯姆森博士。
我看了博士的著作，
想要請教幾個問題……
噢！先放桌上吧！
凌亂的桌子。
……
湯姆森實在太忙，波耳於是轉為拜訪拉塞福。

波耳投靠拉塞福的這個決定，
其實我出身於紐西蘭。
可說是非常正確。
拉塞福擁有「原子物理學之父」的美稱，學術成就當然很了不起，但更值得一提的是……
嗨！兒子！
兒子？
他很關心學生，視如己出。
你現在研究到哪個階段了？
還順利嗎？有沒有迷失方向？
我推薦你看一篇很棒的論文！
拉塞福老師。
老師所設計出的原子模型相當有意思，所以我也想研究原子。
如果依據湯姆森博士所提出的模型，將無法解釋α粒子的散亂狀態。
原子的中間有著質量較大且帶正電的原子核，這點應該不會有錯，
但電子為什麼不會掉入中央呢？讓人難以理解。

兒子……你習慣邊想邊說話，對吧？
對不起，我的作文能力很差，但這些絕不是隨口亂說的。
我知道！
啪！
聽說你在大學是足球隊先發隊員？
讚！
我相信身為運動選手絕不會是耍嘴皮的人。
拉塞福爸爸……
感動
波耳在寫給弟弟的信中，將拉塞福大大稱讚了一番。
哥哥好像過得不錯呢！
事實上拉塞福的學生之中，確實有不少人得到諾貝爾獎。

※哪些人算是拉塞福的學生，有各種不同的說法，但至少有六至十二人拿過諾貝爾獎。

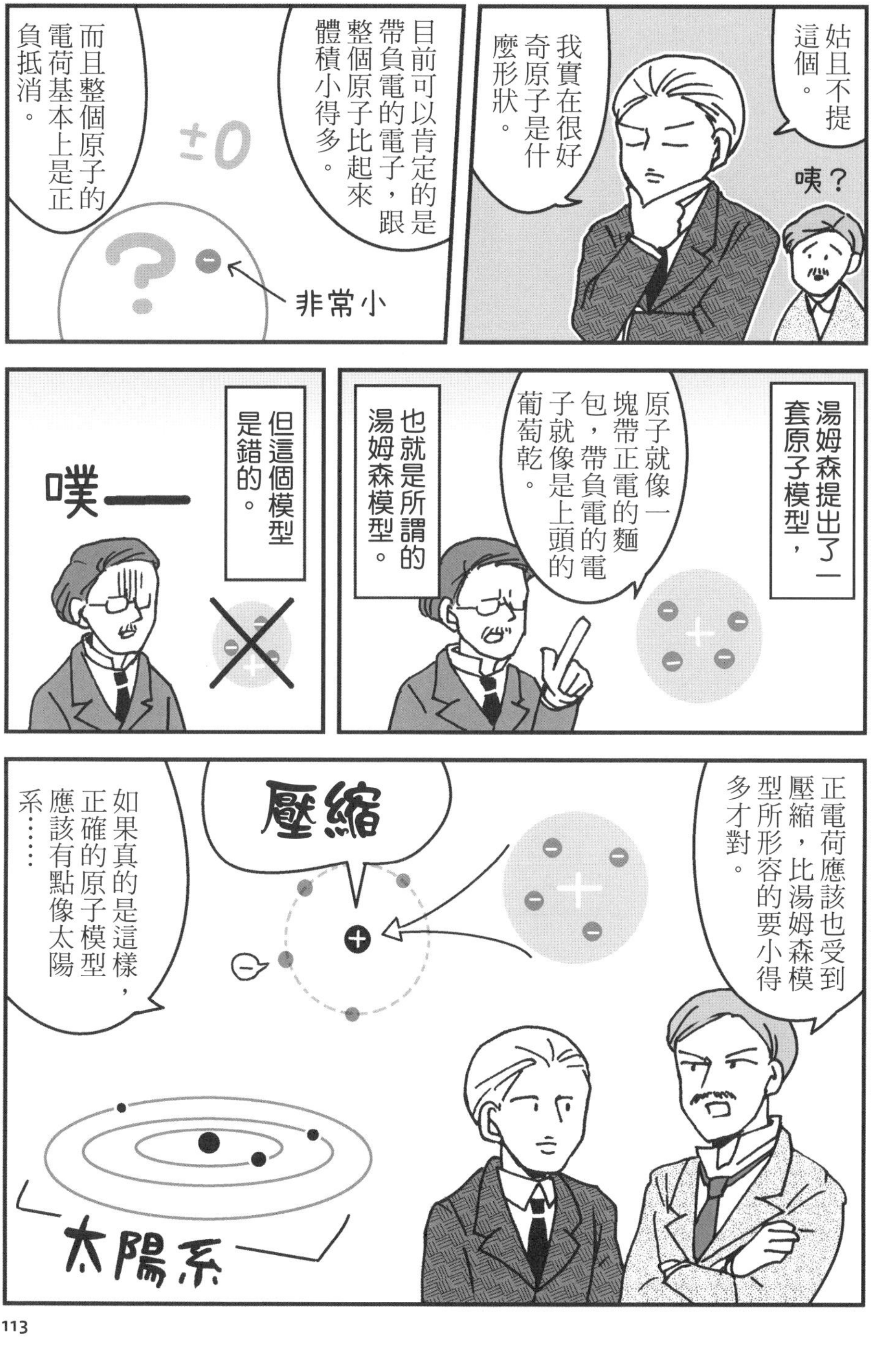
姑且不提這個。
咦？
我實在很好奇原子是什麼形狀。
目前可以肯定的是帶負電的電子，跟整個原子比起來體積小得多。
±0
而且整個原子的電荷基本上是正負抵消。
非常小
湯姆森提出了一套原子模型，
原子就像一塊帶正電的麵包，帶負電的電子就像是上頭的葡萄乾。
也就是所謂的湯姆森模型。
但這個模型是錯的。
噗——
正電荷應該也受到壓縮，比湯姆森模型所形容的要小得多才對。
壓縮
如果真的是這樣，正確的原子模型應該有點像太陽系……
太陽系

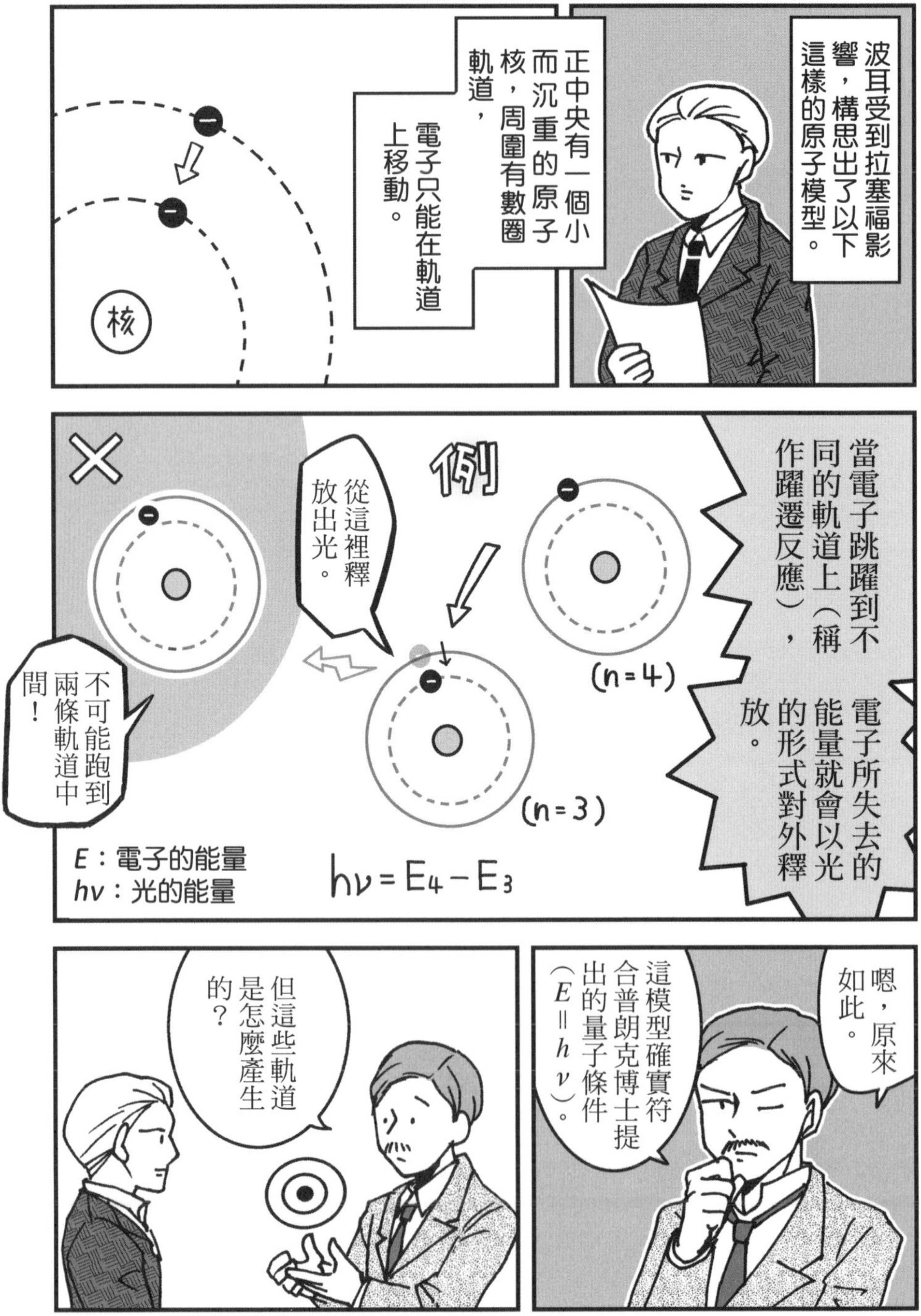

波耳受到拉塞福影響，構思出了以下這樣的原子模型。
正中央有一個小而沉重的原子核，周圍有數圈軌道，
電子只能在軌道上移動。
核
當電子跳躍到不同的軌道上（稱作躍遷反應），
電子所失去的能量就會以光的形式對外釋放。
例
(n=4)
從這裡釋放出光。
(n=3)
不可能跑到兩條軌道中間！
E：電子的能量
hν：光的能量
hν = E4 − E3
嗯，原來如此。
這模型確實符合普朗克博士提出的量子條件（E＝hν）。
但這些軌道是怎麼產生的？

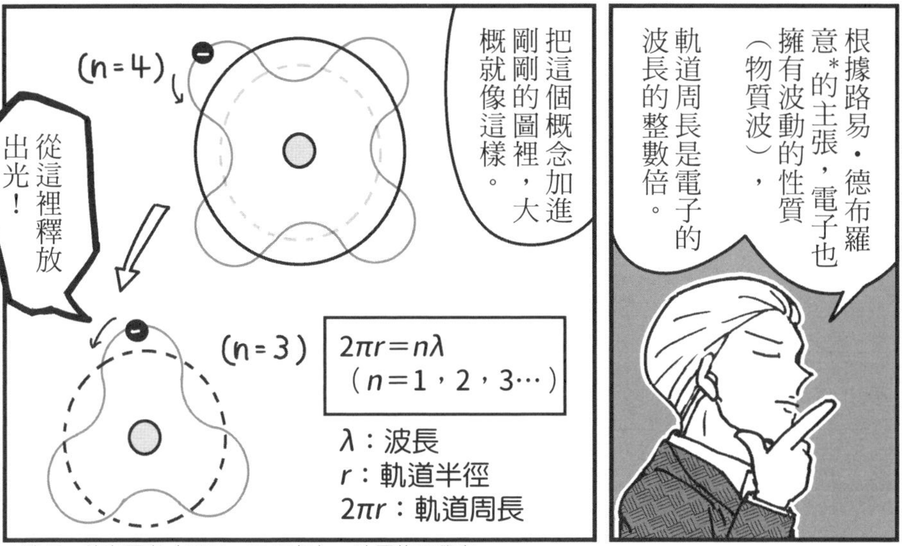
根據路易・德布羅意*的主張，電子也擁有波動的性質（物質波），
軌道周長是電子的波長的整數倍。
把這個概念加進剛剛的圖裡，大概就像這樣。
(n=4)
從這裡釋放出光！
(n=3)
2πr＝nλ（n＝1，2，3…）
λ：波長
r：軌道半徑
2πr：軌道周長

＊路易・德布羅意（1892～1987年），法國物理學家。

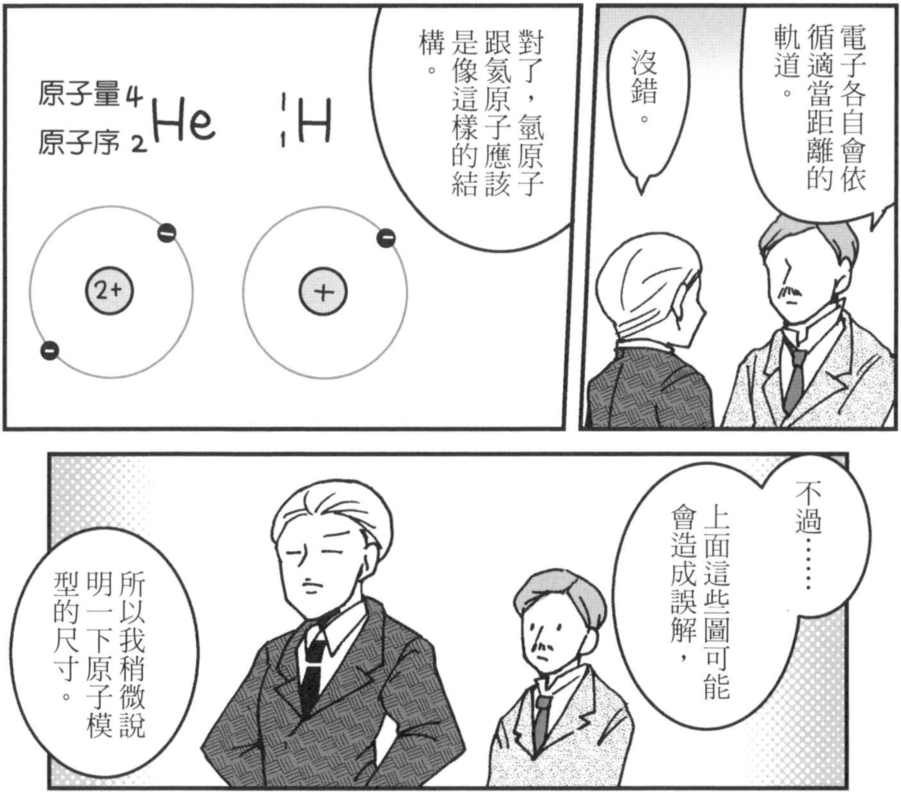
電子各自會依循適當距離的軌道。
沒錯。
對了，氦原子跟氫原子應該是像這樣的結構。
原子量 4
原子序 2
He
H
2+
+
不過……
上面這些圖可能會造成誤解，
所以我稍微說明一下原子模型的尺寸。

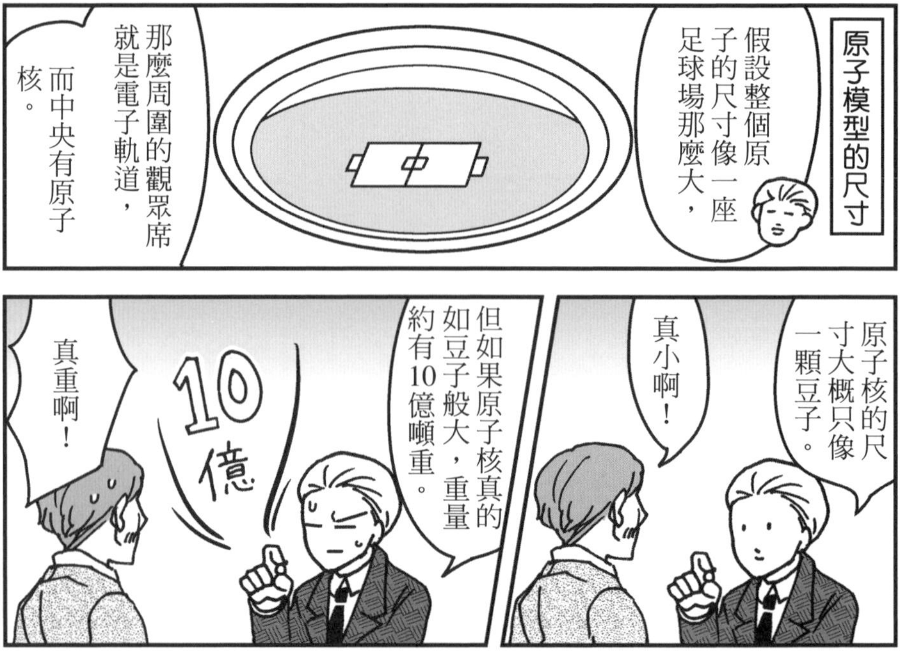
原子模型的尺寸
假設整個原子的尺寸像一座足球場那麼大，
中
那麼周圍的觀眾席就是電子軌道，
而中央有原子核。
原子核的尺寸大概只像一顆豆子。
真小啊！
但如果原子核真的如豆子般大，重量約有10億噸重。
10億
真重啊！

※原子核中大部分是質子與中子，質量都是1.67×10^{-27}〔kg〕，半徑則是1.2×10^{-15}〔m〕。

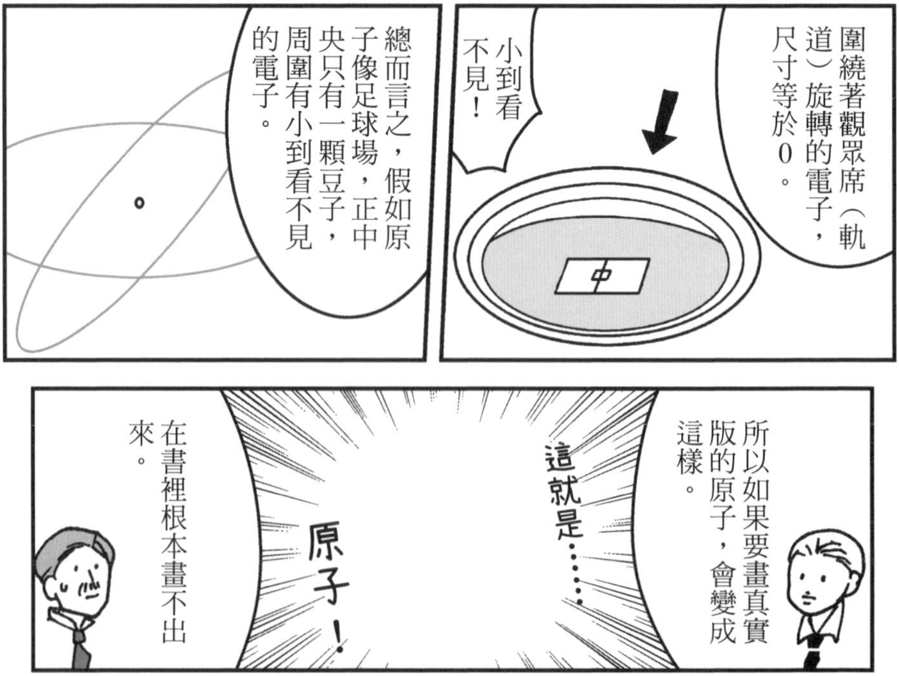
圍繞著觀眾席（軌道）旋轉的電子，尺寸等於0。
小到看不見！
中
總而言之，假如原子像足球場，正中央只有一顆豆子，周圍有小到看不見的電子。
所以如果要畫真實版的原子，會變成這樣。
這就是……
原子！
在書裡根本畫不出來。

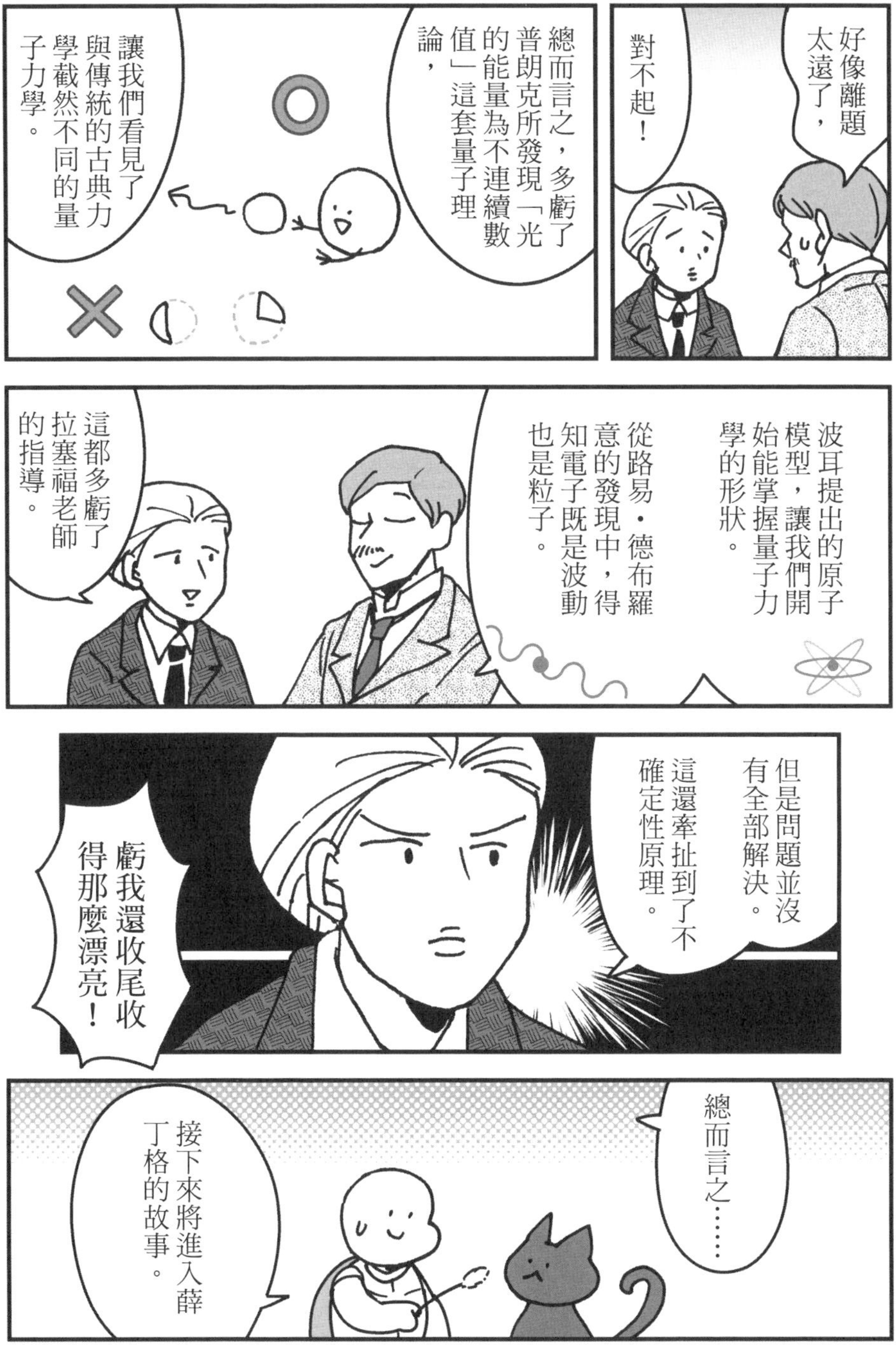
好像離題太遠了，
對不起！
總而言之，多虧了普朗克所發現「光的能量為不連續數值」這套量子理論，
讓我們看見了與傳統的古典力學截然不同的量子力學。
波耳提出的原子模型，讓我們開始能掌握量子力學的形狀。
從路易·德布羅意的發現中，得知電子既是波動也是粒子。
這都多虧了拉塞福老師的指導。
但是問題並沒有全部解決。
這還牽扯到了不確定性原理。
虧我還收尾收得那麼漂亮！
總而言之……
接下來將進入薛丁格的故事。

薛丁格（1887～1961年）讓量子力學有了長足的發展。
他所提出的波動力學，一瞬間傳遍了整個學界。
薛丁格出生於維也納，第一次大戰期間，他被送往義大利邊境要塞，度過了年輕時期。
時間多到不知道要做什麼，
只好讀書和看論文了。
後來又因為戰敗，家裡變得極為貧窮。
他罹患了支氣管炎，父母雙亡，
而且他自己的家庭也因為夫妻都外遇而失和……
人生真坎坷。
夫
妻
♀
♂
最後一點是自作自受吧！
某日，他讀了德布羅意的論文。
什麼？原來電子是波？
這篇論文太有意思了！

但是德布羅意的「物質波」只是概念而沒有加以描述的方程式，因此獲得不了高度評價。
我相信一定不會錯的！
好！就由我來設計一個完全吻合的方程式吧！
他所設計出的方程式，就是後人所稱的「薛丁格方程式」。
$\frac{\hbar}{2m}\frac{\partial^2\phi}{\partial x^2} - V\phi = -i\hbar\frac{\partial\phi}{\partial t}$
m：質量
$\hbar$：化約普朗克常數（$\frac{h}{2\pi}$）
V：位能
ϕ：波函數
x軸
y軸
z軸
這套方程式完美呈現了氫原子的能階（符合實驗結果）。
能以傳統的數學計算出答案。
真是淺顯易懂！
能夠用這麼漂亮的方程式描述物質波理論，一定是正確的吧！
普朗克和愛因斯坦也對薛丁格讚譽有加。
我現在的心情就像是一個孩子聽到了猜謎的答案。
這只有天才才能做到。

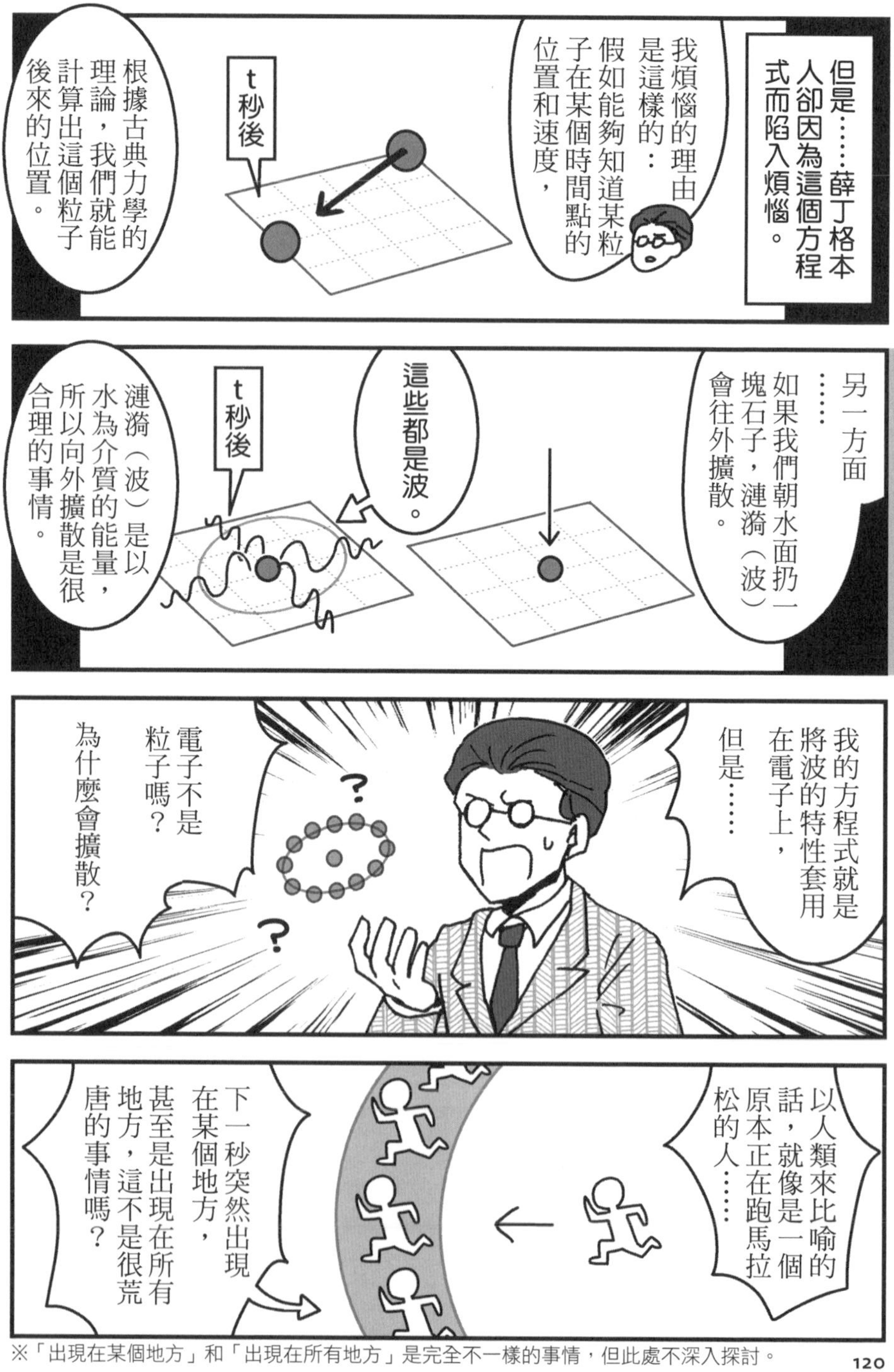
但是……薛丁格本人卻因為這個方程式而陷入煩惱。
我煩惱的理由是這樣的：假如能夠知道某粒子在某個時間點的位置和速度，
t秒後
根據古典力學的理論，我們就能計算出這個粒子後來的位置。
另一方面……如果我們朝水面扔一塊石子，漣漪（波）會往外擴散。
這些都是波。
t秒後
漣漪（波）是以水為介質的能量，所以向外擴散是很合理的事情。
我的方程式就是將波的特性套用在電子上，但是……
電子不是粒子嗎？
為什麼會擴散？
以人類來比喻的話，就像是一個原本正在跑馬拉松的人……
下一秒突然出現在某個地方，
甚至是出現在所有地方，這不是很荒唐的事情嗎？

※「出現在某個地方」和「出現在所有地方」是完全不一樣的事情，但此處不深入探討。

而且當電子受到「觀測」的時候，只會出現在一個地點。就像是粒子，而不是一般的會擴散的波。
停止！
又不是在玩「一二三木頭人」。
這或許代表是一種「差不多在這附近」的機率性分布吧？
馬克斯・波恩*
什麼？機率？
因為波函數的絕對值平方，
剛好與觀測到粒子的機率成正比。

＊馬克斯・波恩（1882～1970年），德國物理學家與數學家。

物質的運動狀態怎麼可能是靠機率來決定？
不可能！不可能！
神可不會擲骰子！
但是海森堡的「不確定性原理*」也為波恩的「機率」論點提供了佐證。
位置與動量的相關機率
$\Delta x \Delta p \geq \frac{h}{4\pi}$
x：位置
p：動量
h：普朗克常數

＊由科學家海森堡提出，是指在量子力學裡，無法同時確定粒子的位置與動量（質量和速度的乘積）。

對於粒子的運動，只能知道機率而已，
當然如果觀測，就會知道確切情況。
不不不！你這種想法太古怪了！
我舉個例子吧！

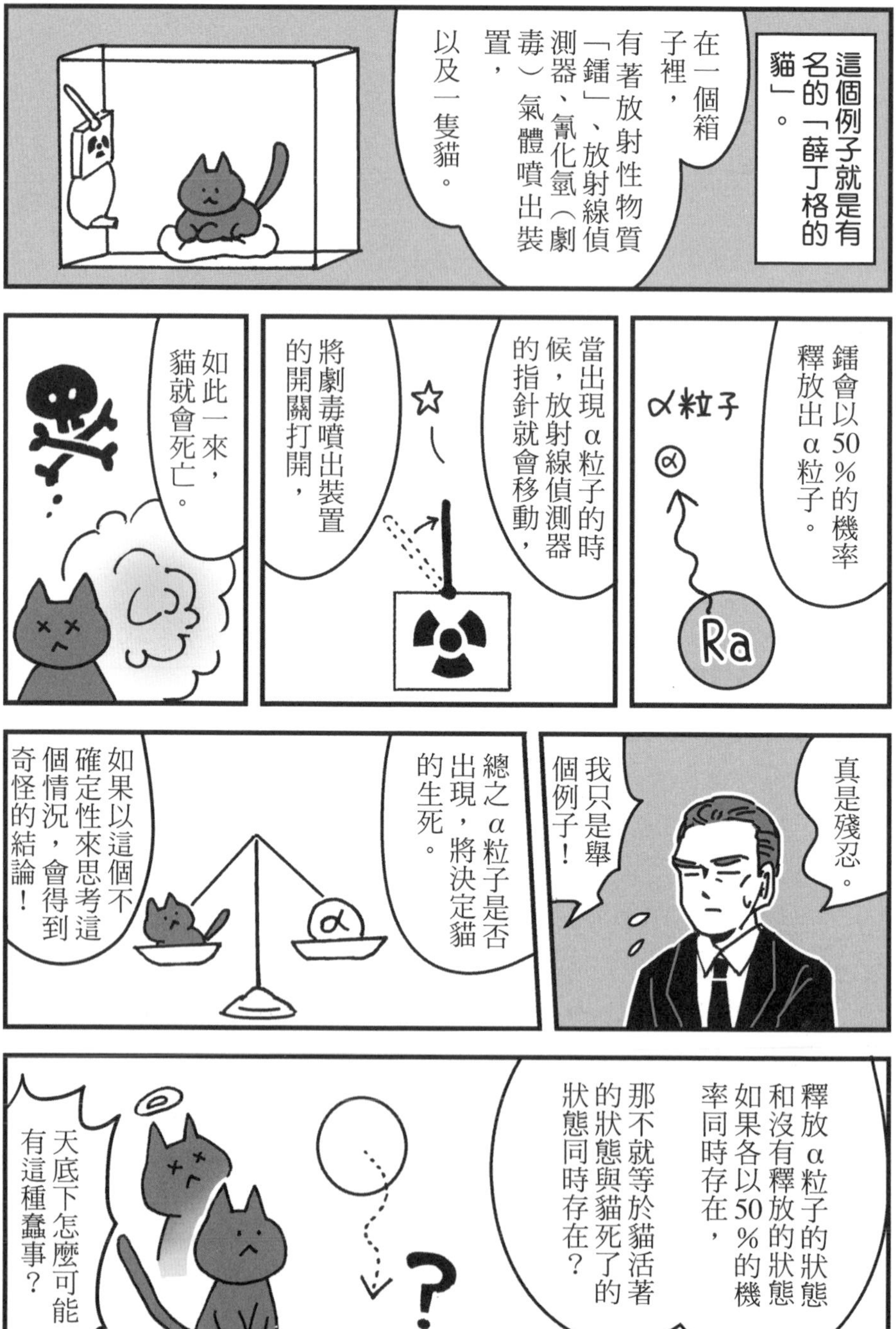
這個例子就是有名的「薛丁格的貓」。
在一個箱子裡，有著放射性物質「鐳」、放射線偵測器、氰化氫（劇毒）氣體噴出裝置，以及一隻貓。
鐳會以50％的機率釋放出α粒子。
α粒子
α
Ra
當出現α粒子的時候，放射線偵測器的指針就會移動，
將劇毒噴出裝置的開關打開，
如此一來，貓就會死亡。
真是殘忍。
我只是舉個例子！
總之α粒子是否出現，將決定貓的生死。
α
如果以這個不確定性來思考這個情況，會得到奇怪的結論！
釋放α粒子的狀態和沒有釋放的狀態如果各以50％的機率同時存在，
那不就等於貓活著的狀態與貓死了的狀態同時存在？
?
天底下怎麼可能有這種蠢事？

也是，在實際觀測前，無法得知α粒子是否被釋放。
α粒子出現的時機可能是一秒鐘後，也可能是一年後。
但是貓自己就是α粒子的觀測者，不是嗎？
死了就是有α粒子，沒死就是沒有α粒子。
撇開貓不談，偵測器不也在偵測α粒子嗎？
啊！沒錯。
只是假設的例子，為什麼能討論得這麼認真？
薛丁格當初舉這個例子，只是為了強調量子力學中的機率觀念有多麼荒謬，卻引發了廣泛的討論，其中還包含「不同世界可以共存」的多重世界觀點。
關於多重世界的狀態，我想補充一點。
那就是對於這樣的狀態，
我們只能在事後「觀測」出結果，卻無法事先加以「推測」。
就好像是當我們以二次元的角度觀測左邊這張圖時，無法得知車子會不會撞到人。
唯有站在三次元的角度，才有可能判斷人是否在車子的前進路線上。

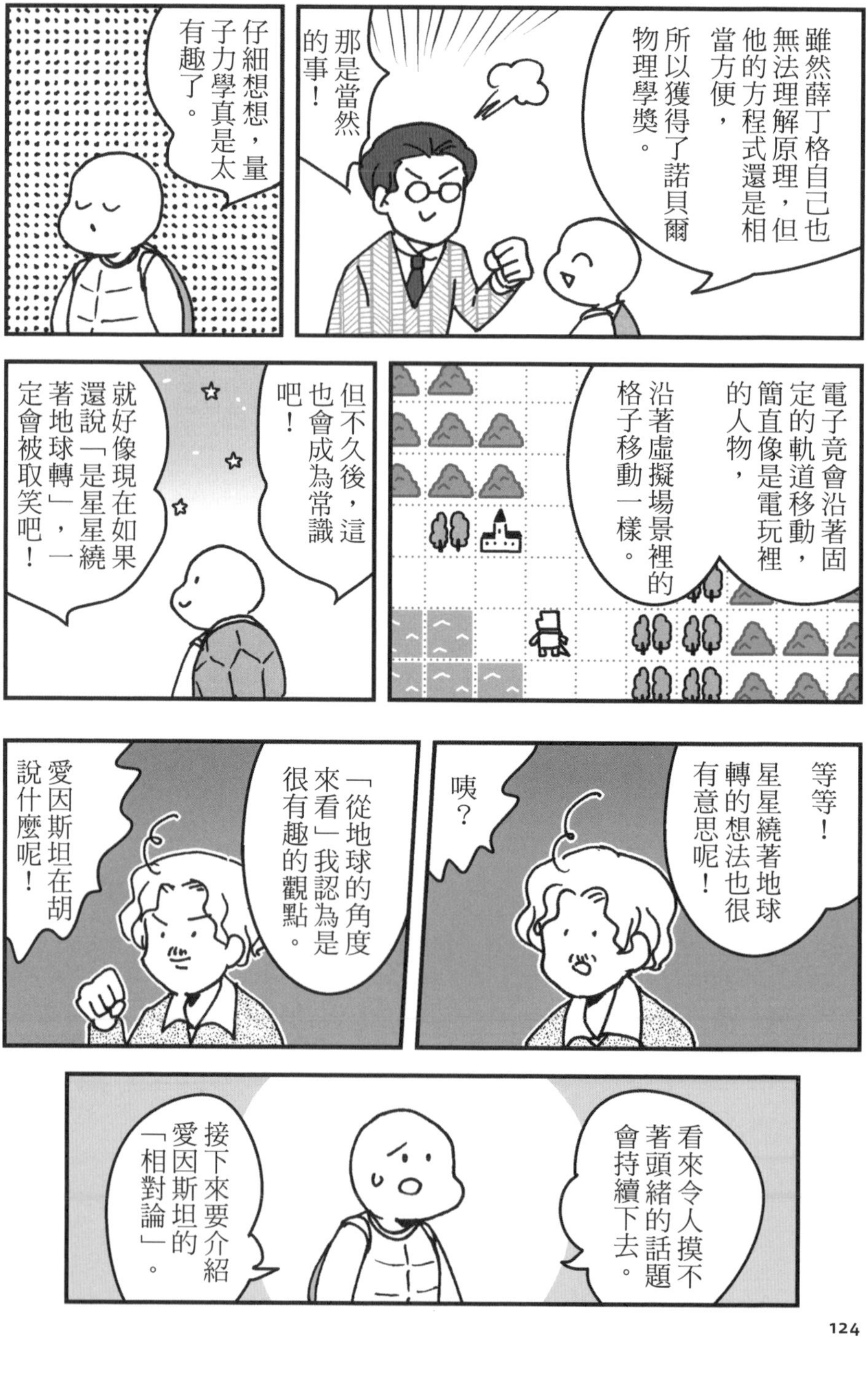

雖然薛丁格自己也無法理解原理，但他的方程式還是相當方便，所以獲得了諾貝爾物理學獎。
那是當然的事！
仔細想想，量子力學真是太有趣了。
電子竟會沿著固定的軌道移動，簡直像是電玩裡的人物，沿著虛擬場景裡的格子移動一樣。
但不久後，這也會成為常識吧！
就好像現在如果還說「是星星繞著地球轉」，一定會被取笑吧！
等等！星星繞著地球轉的想法也很有意思呢！
咦？
「從地球的角度來看」我認為是很有趣的觀點。
愛因斯坦在胡說什麼呢！
看來令人摸不著頭緒的話題會持續下去。
接下來要介紹愛因斯坦的「相對論」。

題外話 2

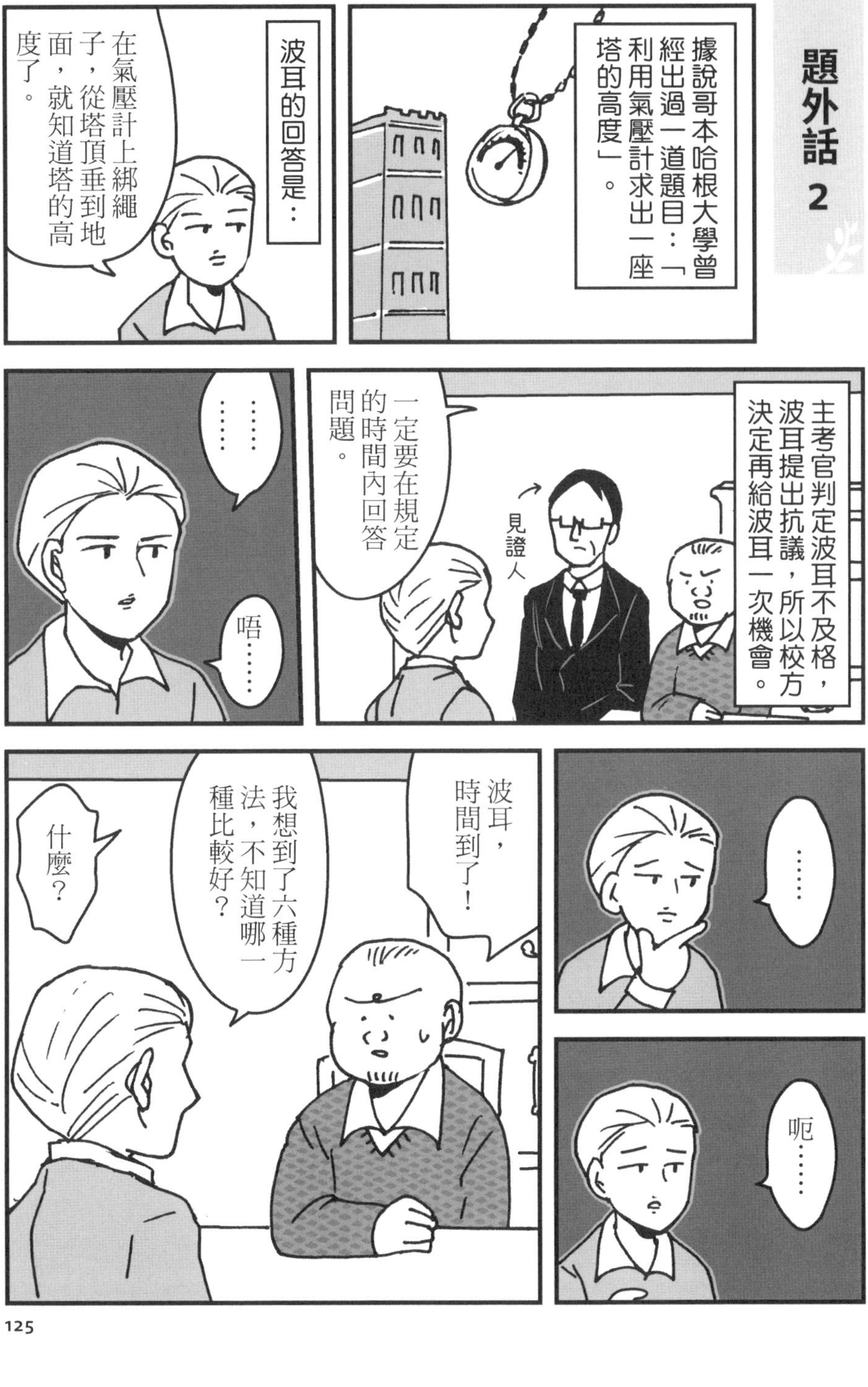
據說哥本哈根大學曾經出過一道題目：「利用氣壓計求出一座塔的高度」。
波耳的回答是：
在氣壓計上綁繩子，從塔頂垂到地面，就知道塔的高度了。
主考官判定波耳不及格，波耳提出抗議，所以校方決定再給波耳一次機會。
見證人
一定要在規定的時間內回答問題。
……
唔……
……
呃……
波耳，時間到了！
我想到了六種方法，不知道哪一種比較好？
什麼？

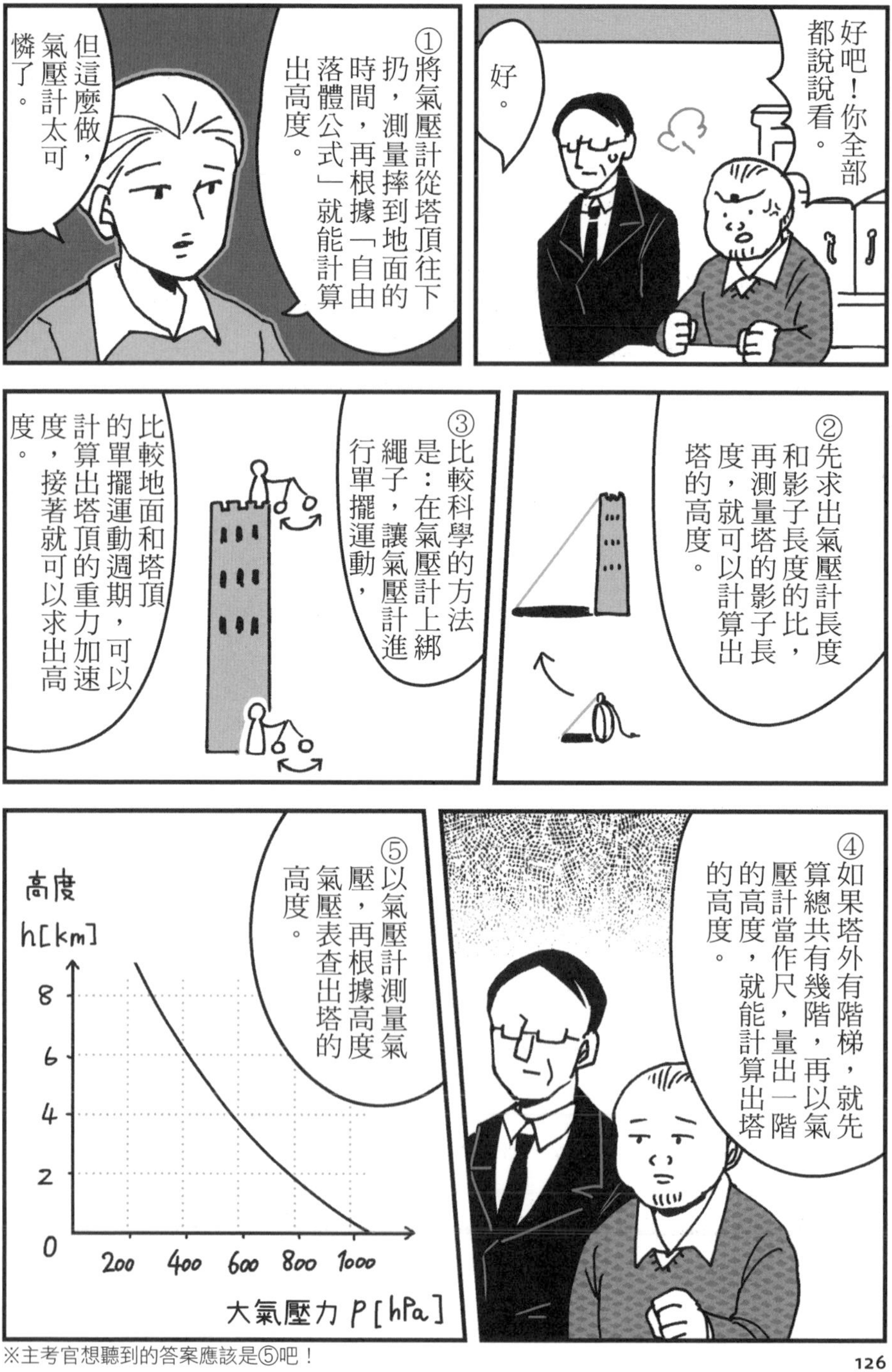
好吧！你全部都說說看。
好。
①將氣壓計從塔頂往下扔，測量摔到地面的時間，再根據「自由落體公式」就能計算出高度。
但這麼做，氣壓計太可憐了。
②先求出氣壓計長度和影子長度的比，再測量塔的影子長度，就可以計算出塔的高度。
③比較科學的方法是：在氣壓計上綁繩子，讓氣壓計進行單擺運動，
比較地面和塔頂的單擺運動週期，可以計算出塔頂的重力加速度，接著就可以求出高度。
④如果塔外有階梯，就先算總共有幾階，再以氣壓計當作尺，量出一階的高度，就能計算出塔的高度。
⑤以氣壓計測量氣壓，再根據高度氣壓表查出塔的高度。
高度
h[km]
8
6
4
2
0
200
400
600
800
1000
大氣壓力 P[hPa]

※主考官想聽到的答案應該是⑤吧！

但其實最簡單的做法是……
⑥對塔的管理員說：「我送你這個氣壓計，請告訴我塔的高度。」
……
看來他擁有十分充分的物理知識……
應該可以判定為合格吧！
……
合格！
謝謝。
當然……
這只是個關於波耳的趣聞，內容可能經過加油添醋，卻能從中看出波耳的性格。
我喜歡從不同角度思考事情。

題外話 3

你聽過沃夫岡・包立這個人嗎？
他是個腦筋非常聰明的科學家。
他在聽了愛因斯坦的上課內容後，說出了：
「愛因斯坦說的話其實並不算太荒唐。」
這種感想。
他同時也是為理論找出不合理處的天才，量子力學大師尼爾斯・波耳很喜歡和他討論事情。
波耳
請你多批評我的理論吧！
這人好奇怪！
你的批評可以讓我獲得很多靈感，拜託你了。
在新的量子理論不斷問世的過程中，開始有人將包立形容為「物理學的良知」。
只要獲得包立認同，就表示理論零瑕疵。
除此之外，包立還擁有種奇妙的超能力，被稱為「包立效應」。

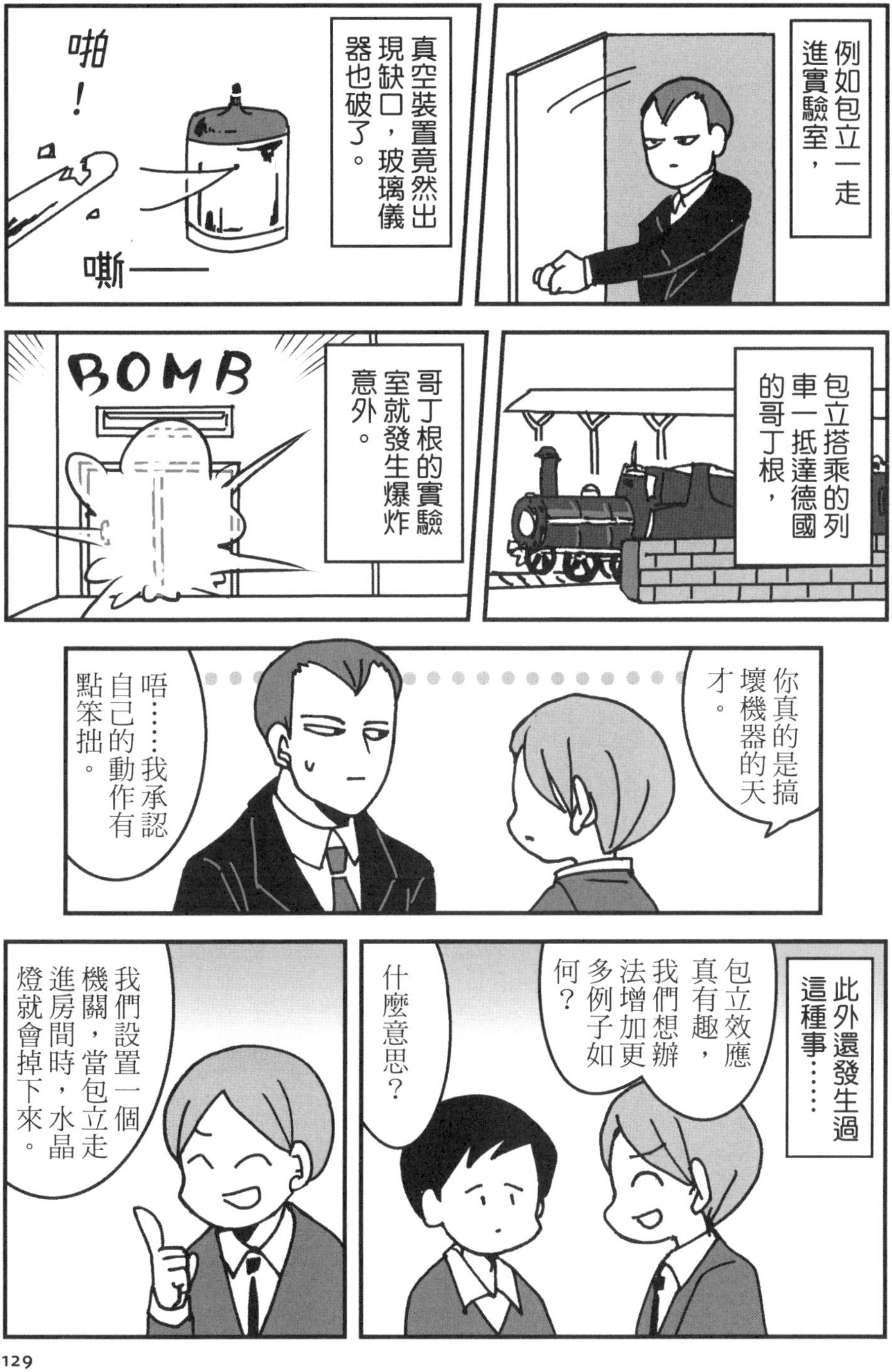
例如包立一走進實驗室，
真空裝置竟然出現缺口，玻璃儀器也破了。
啪！
嘶——
包立搭乘的列車一抵達德國的哥丁根，
哥丁根的實驗室就發生爆炸意外。
BOMB
你真的是搞壞機器的天才。
唔……我承認自己的動作有點笨拙。
此外還發生過這種事……
包立效應真有趣，我們想辦法增加更多例子如何？
什麼意思？
我們設置一個機關，當包立走進房間時，水晶燈就會掉下來。

好了，開關就在我的手上。
有你的！
啊！包立來了。
好！
看我的包立效應！
按下
咦？
毫無動靜……
機關壞掉了。
……
我終於明白包立效應的可怕了！
包立的超能力能讓所有的機械儀器都變成廢鐵。
？
傳說包立因為過於有「良知」，才無法像愛因斯坦、波耳那樣在物理學上有重大發現。
真是失禮！不過我是無所謂啦……
淡泊名利的人

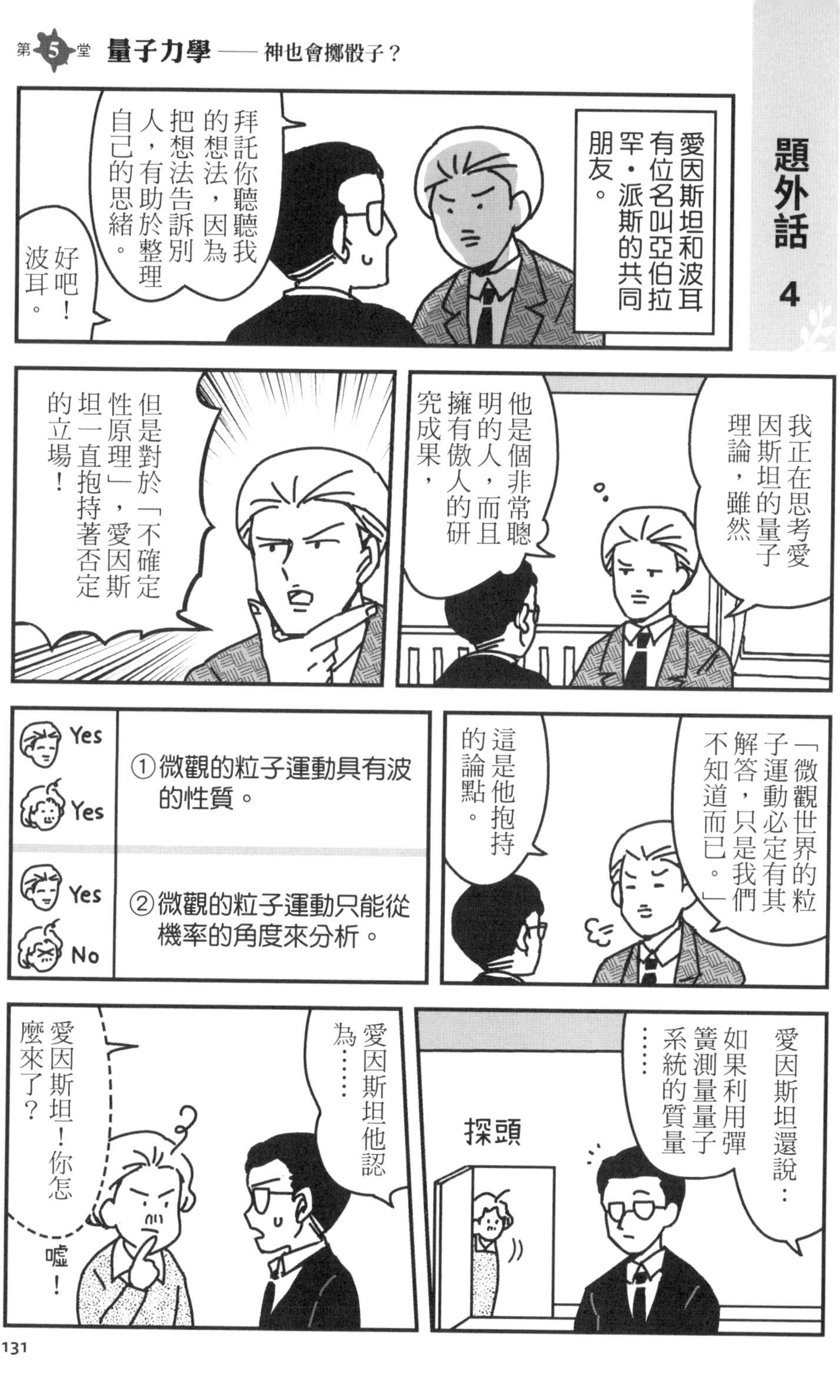
題外話 4
愛因斯坦和波耳有位名叫亞伯拉罕・派斯的共同朋友。
拜託你聽聽我的想法，因為把想法告訴別人，有助於整理自己的思緒。
好吧！波耳。
我正在思考愛因斯坦的量子理論，雖然
他是個非常聰明的人，而且擁有傲人的研究成果，
但是對於「不確定性原理」，愛因斯坦一直抱持著否定的立場！
「微觀世界的粒子運動必定有其解答，只是我們不知道而已。」
這是他抱持的論點。
Yes
Yes
①微觀的粒子運動具有波的性質。
Yes
No
②微觀的粒子運動只能從機率的角度來分析。
愛因斯坦還說：如果利用彈簧測量量子系統的質量……
探頭
愛因斯坦他認為……
愛因斯坦！你怎麼來了？
噓！

嗯？香菸？
噓——
我想起來了！醫生命令他不准買菸。
他大概是認為既然不能買，那就拿別人的。
總而言之……
愛因斯坦他……
欸？
咦！
分我一根啦！
別那麼小氣。
你……
你這個傢伙！
我可是非常認真的。
氣呼呼
咦？什麼意思？
偷笑
這三人一生都是非常要好的朋友。
不過單以量子理論而言，波耳較占上風。

第6堂

相對論

——飛行速度達到光速會怎樣？

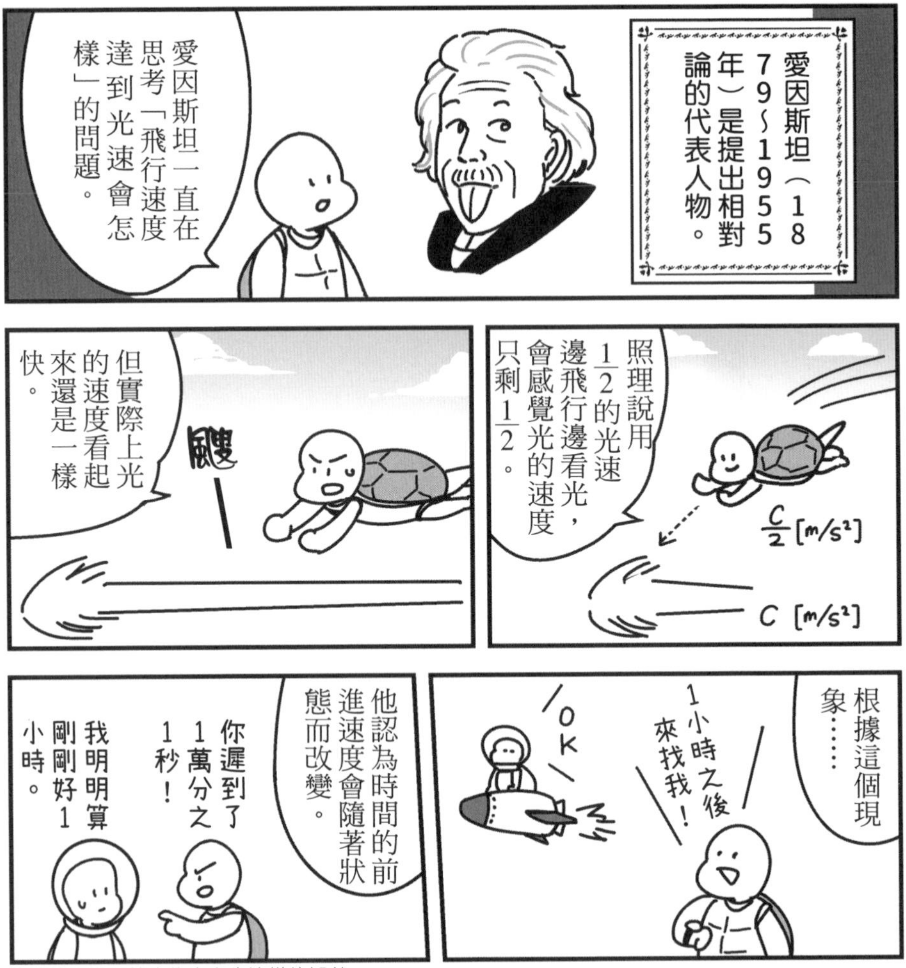
愛因斯坦（1879～1955年）是提出相對論的代表人物。
愛因斯坦一直在思考「飛行速度達到光速會怎樣」的問題。
照理說用1/2的光速邊飛行邊看光，會感覺光的速度只剩1/2。
C/2 [m/s²]
C [m/s²]
颼
但實際上光的速度看起來還是一樣快。
根據這個現象……
1小時之後來找我！
OK
他認為時間的前進速度會隨著狀態而改變。
你遲到了1萬分之1秒！
我明明算剛剛好1小時。

※如今的太空梭大約會產生這樣的誤差。

換句話說，時間不能作為絕對的指標，觀察物理現象必須站在相對的角度才行。
接下來我們就來談談什麼是相對論。

令人匪夷所思的普朗克量子假說一問世，
第一個加以重視的人物，
竟然是在專利局工作的一個上班族。
太了不起了！
你在讀什麼？
瞪眼
關於黑體放射波長和能量的論文。
為什麼要讀那種東西？
這真的很了不起吔！
我現在的心情就像腳底下的地面突然消失了。
他在說什麼？
噢……那個人在我們這裡很有名。
他因為當不成學者，只好來這裡上班，聽說他一直在寫論文呢！
喔……
這個男人就是鼎鼎大名的愛因斯坦。

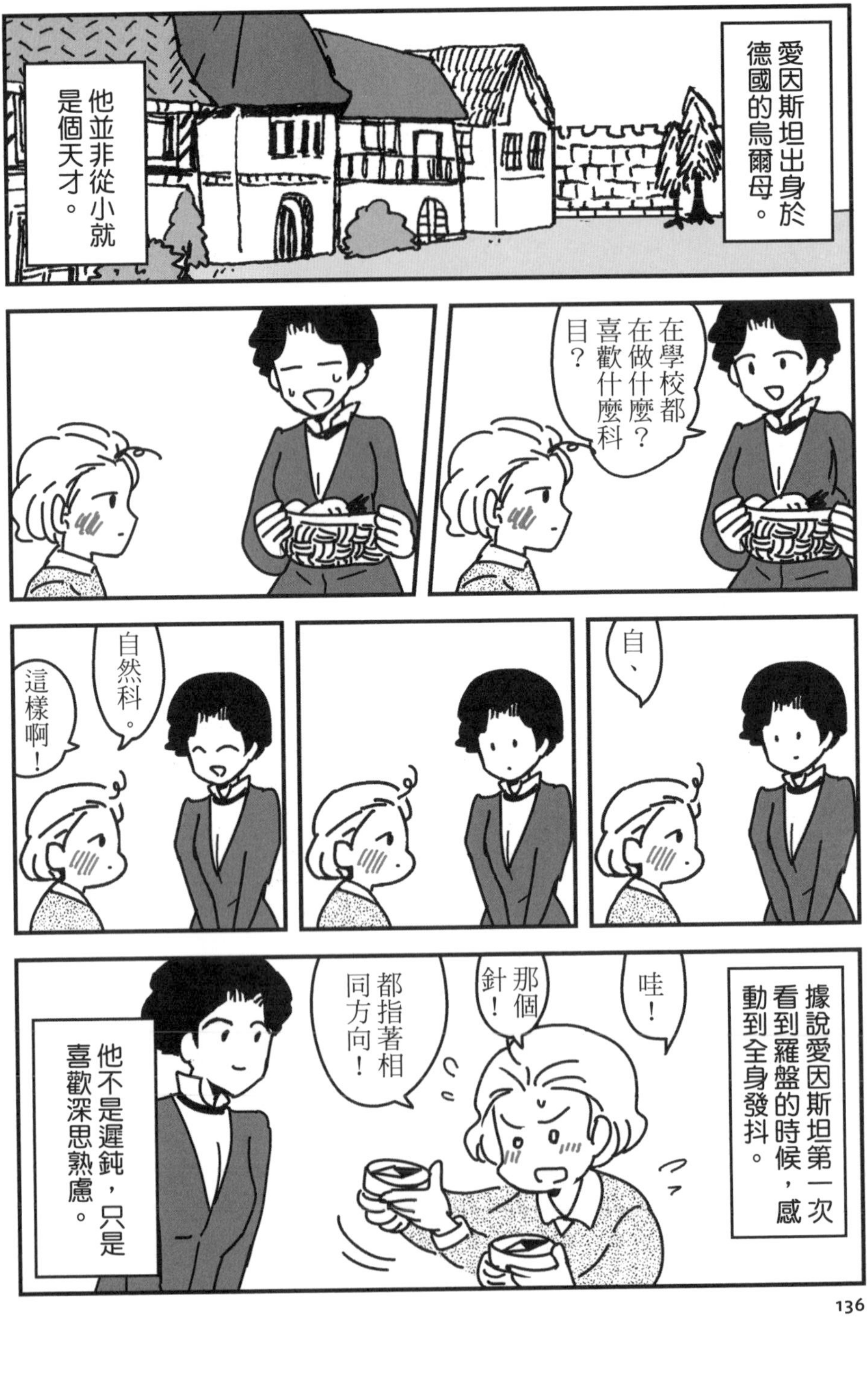
愛因斯坦出身於德國的烏爾母。
他並非從小就是個天才。
在學校都在做什麼？喜歡什麼科目？
自、
自然科。
這樣啊！
據說愛因斯坦第一次看到羅盤的時候，感動到全身發抖。
哇！
那個針！
都指著相同方向！
他不是遲鈍，只是喜歡深思熟慮。

愛因斯坦學習幾何學的時候，展現了才華。
那不是明年才會用到的教科書嗎？
嗯！
光真是有意思，和其他物質完全不同。
當人的速度和光一樣快的時候，在人的眼裡，
光會變成什麼模樣？
假如有人跑在光的旁邊，那個人是不是就看不見光了？
或許吧！
當移動速度超越音速時會產生震波……
那超越光的時候呢？真難想像。
嗯
為什麼中學都沒有教我們這些！
這種填鴨式教育一點意義也沒有！
喂……阿爾伯特！
憤怒
因此中學只讀了一半愛因斯坦就不讀了。

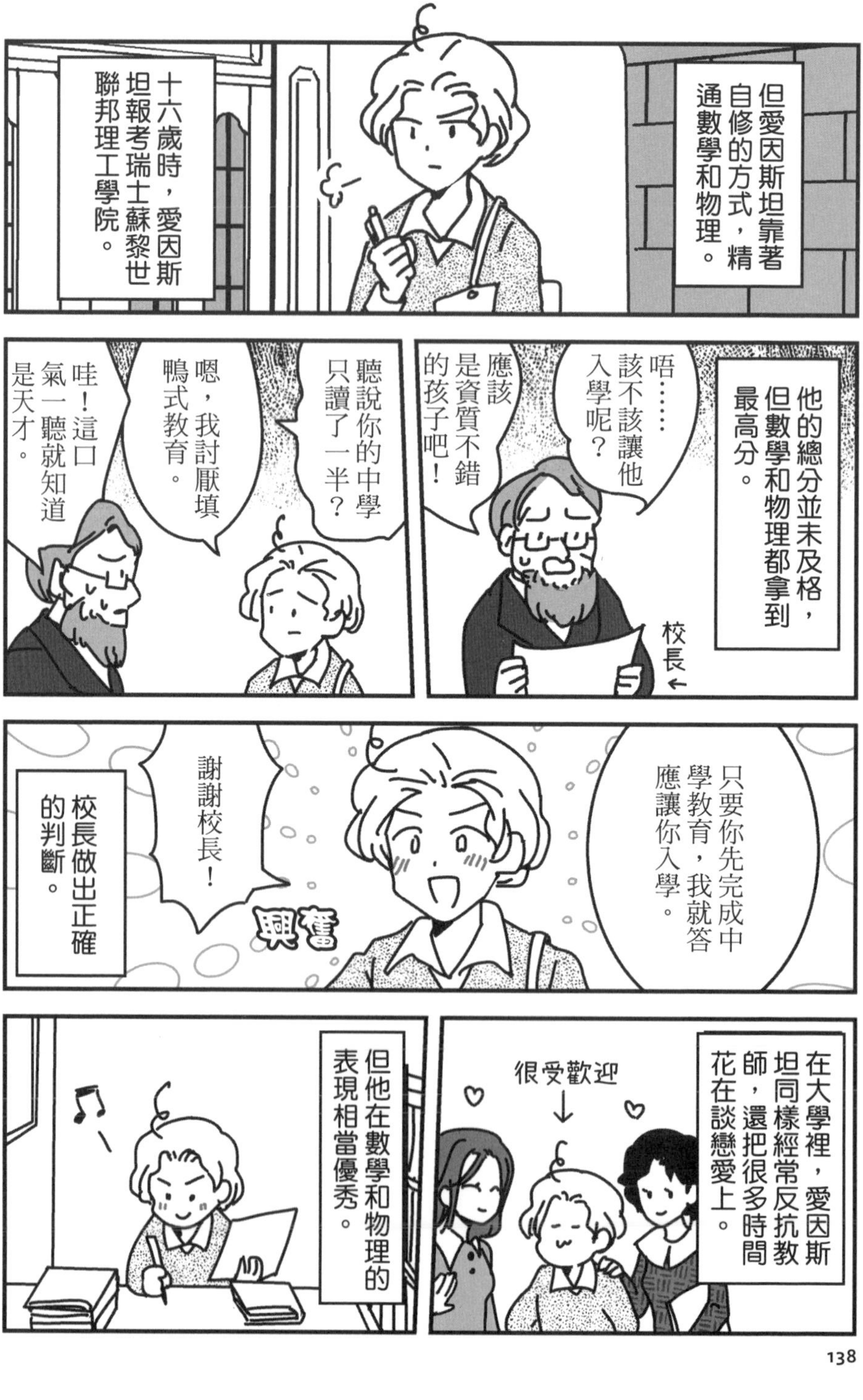
但愛因斯坦靠著自修的方式，精通數學和物理。
十六歲時，愛因斯坦報考瑞士蘇黎世聯邦理工學院。
他的總分並未及格，但數學和物理都拿到最高分。
唔……該不該讓他入學呢？
應該是資質不錯的孩子吧！
校長←
聽說你的中學只讀了一半？
嗯，我討厭填鴨式教育。
哇！這口氣一聽就知道是天才。
只要你先完成中學教育，我就答應讓你入學。
謝謝校長！
興奮
校長做出正確的判斷。
在大學裡，愛因斯坦同樣經常反抗教師，還把很多時間花在談戀愛上。
很受歡迎
但他在數學和物理的表現相當優秀。

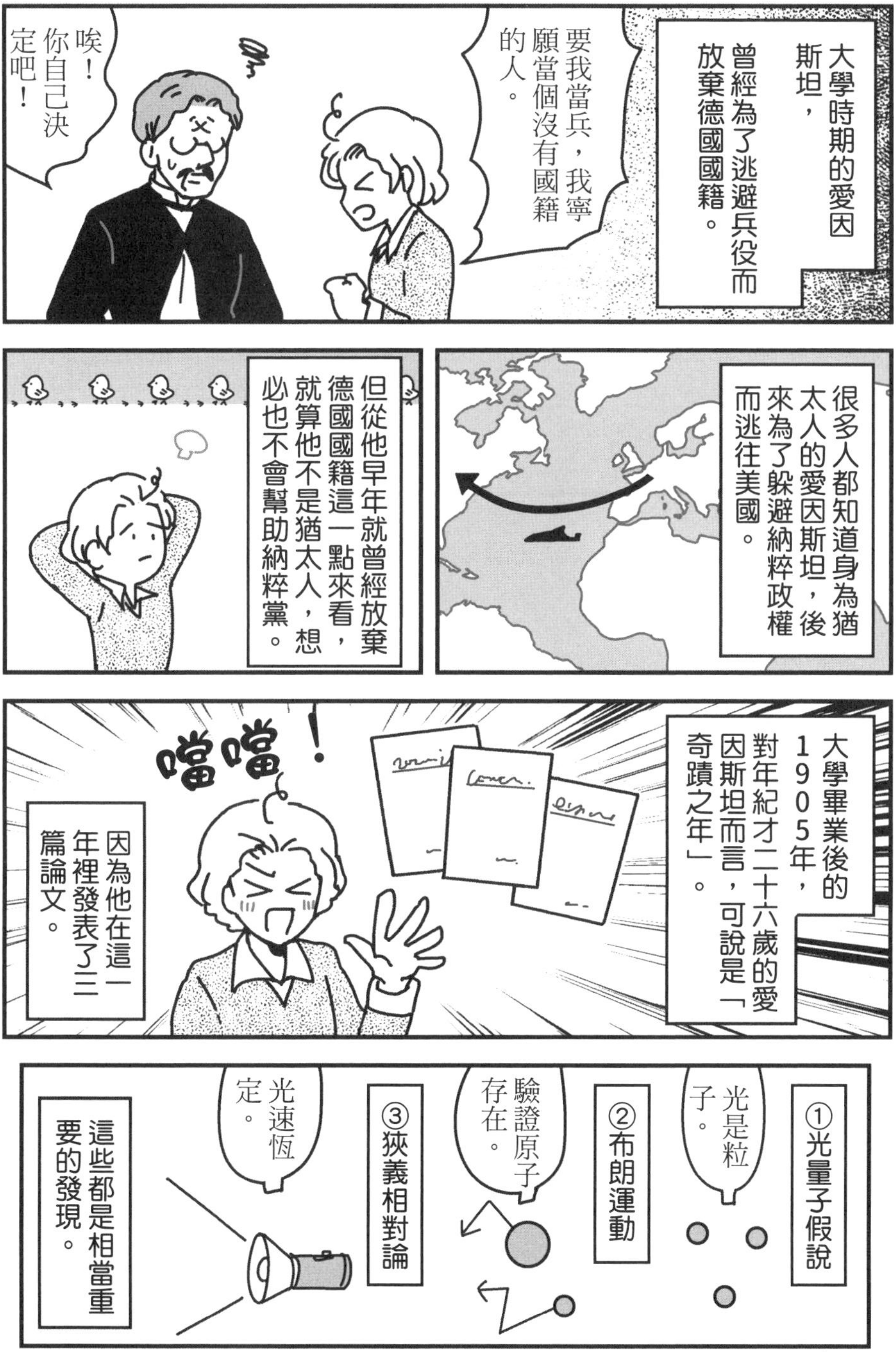
大學時期的愛因斯坦，曾經為了逃避兵役而放棄德國國籍。
要我當兵，我寧願當個沒有國籍的人。
唉！你自己決定吧！
很多人都知道身為猶太人的愛因斯坦，後來為了躲避納粹政權而逃往美國。
但從他早年就曾經放棄德國國籍這一點來看，就算他不是猶太人，想必也不會幫助納粹黨。
大學畢業後的1905年，對年紀才二十六歲的愛因斯坦而言，可說是「奇蹟之年」。
噹噹！
因為他在這一年裡發表了三篇論文。
①光量子假說
光是粒子。
②布朗運動
驗證原子存在。
③狹義相對論
光速恆定。
這些都是相當重要的發現。

※應可說四篇，包含從狹義相對論衍生出來的「質能轉換$E=mc^2$」。

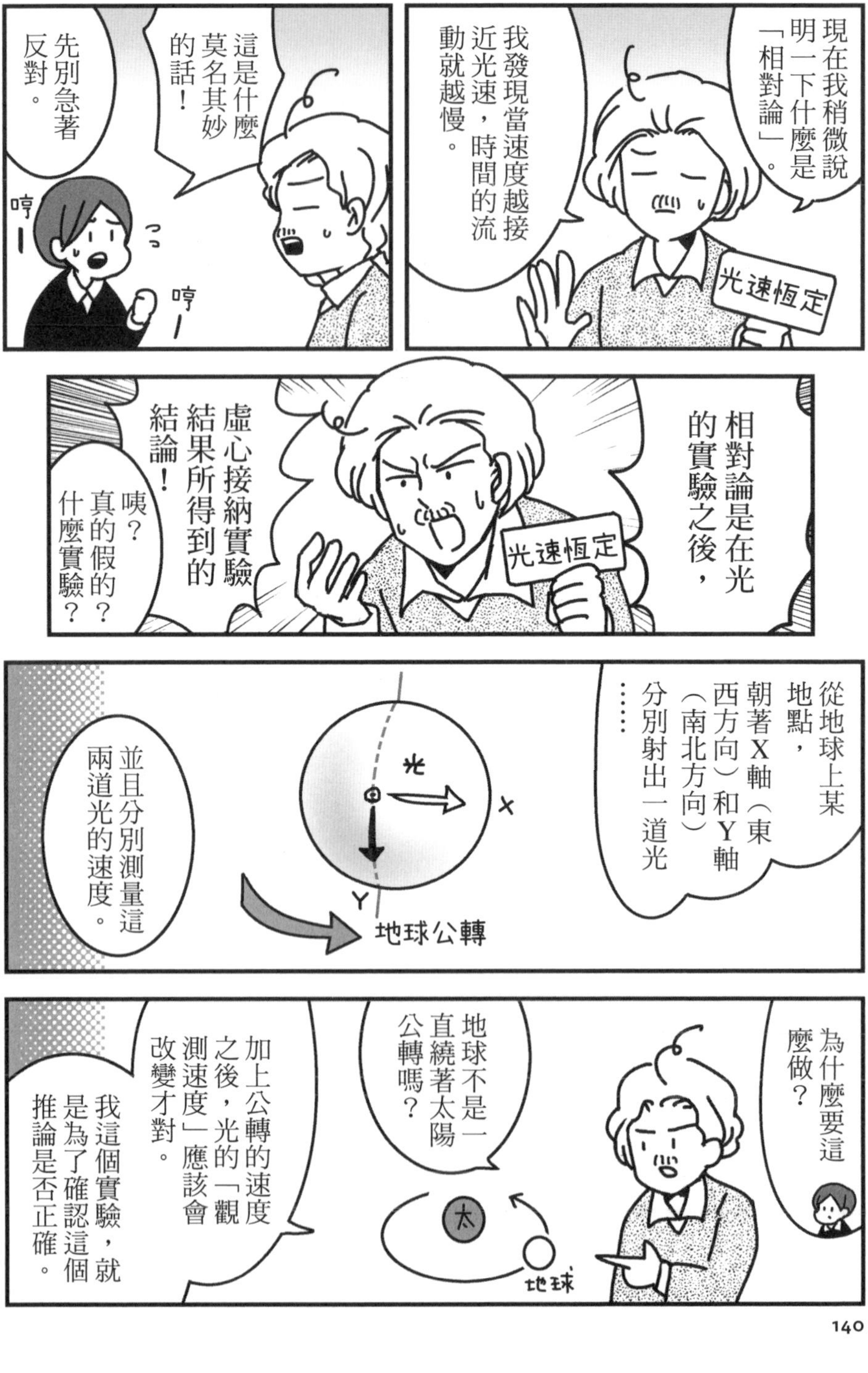
現在我稍微說明一下什麼是「相對論」。
我發現當速度越接近光速，時間的流動就越慢。
光速恆定
這是什麼莫名其妙的話！
先別急著反對。
哼—
哼—
相對論是在光的實驗之後，
虛心接納實驗結果所得到的結論！
光速恆定
咦？真的假的？什麼實驗？
從地球上某地點，朝著X軸（東西方向）和Y軸（南北方向）分別射出一道光……
光
X
Y
地球公轉
並且分別測量這兩道光的速度。
為什麼要這麼做？
地球不是一直繞著太陽公轉嗎？
加上公轉的速度之後，光的「觀測速度」應該會改變才對。
我這個實驗，就是為了確認這個推論是否正確。
太
地球

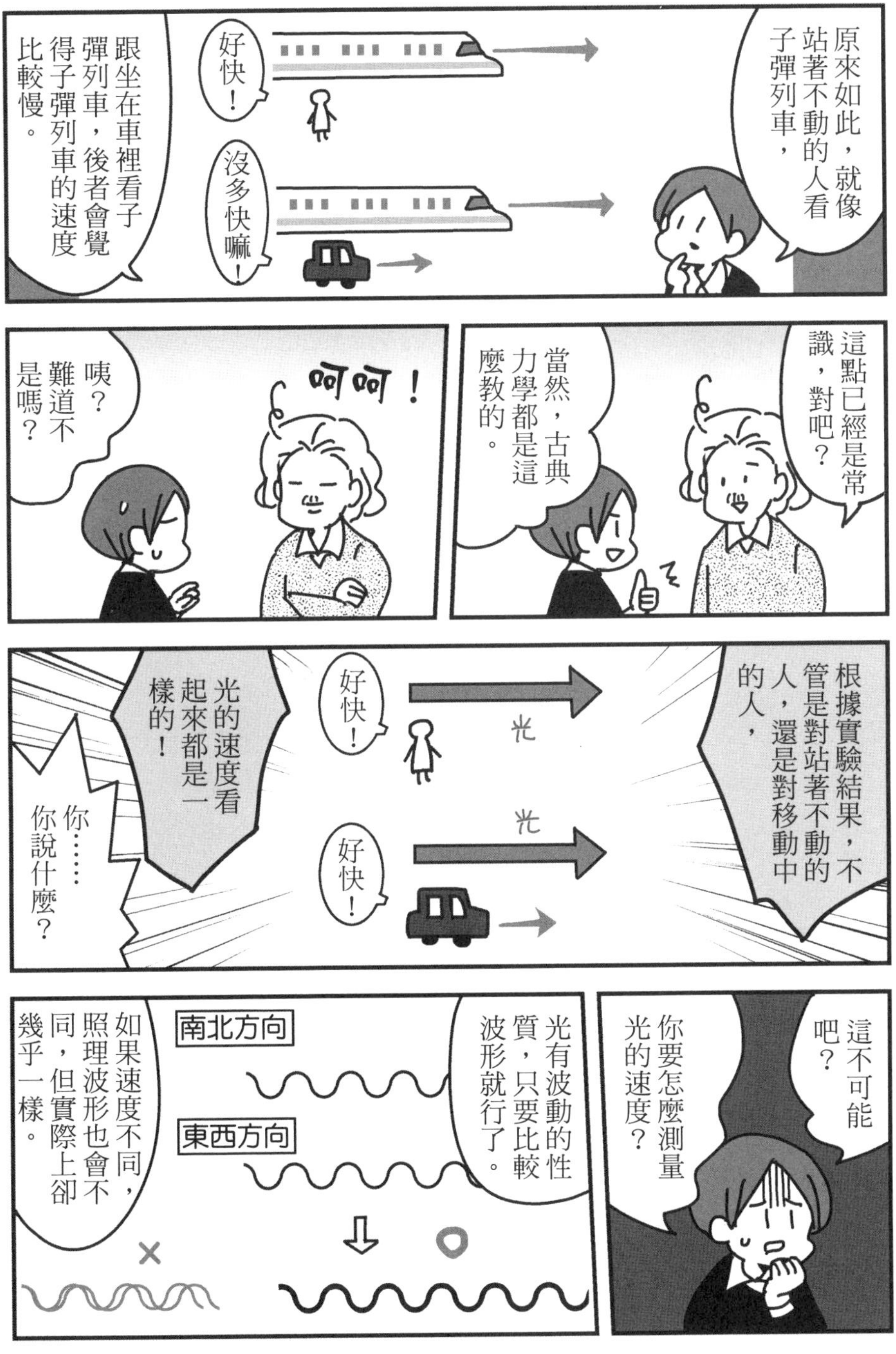
原來如此，就像站著不動的人看子彈列車，
好快！
沒多快嘛！
跟坐在車裡看子彈列車，後者會覺得子彈列車的速度比較慢。
這點已經是常識，對吧？
當然，古典力學都是這麼教的。
呵呵！
咦？難道不是嗎？
根據實驗結果，不管是對站著不動的人，還是對移動中的人，
好快！
光
光
好快！
光的速度看起來都是一樣的！
你……你說什麼？
這不可能吧？
你要怎麼測量光的速度？
光有波動的性質，只要比較波形就行了。
南北方向
東西方向
如果速度不同，照理波形也會不同，但實際上卻幾乎一樣。

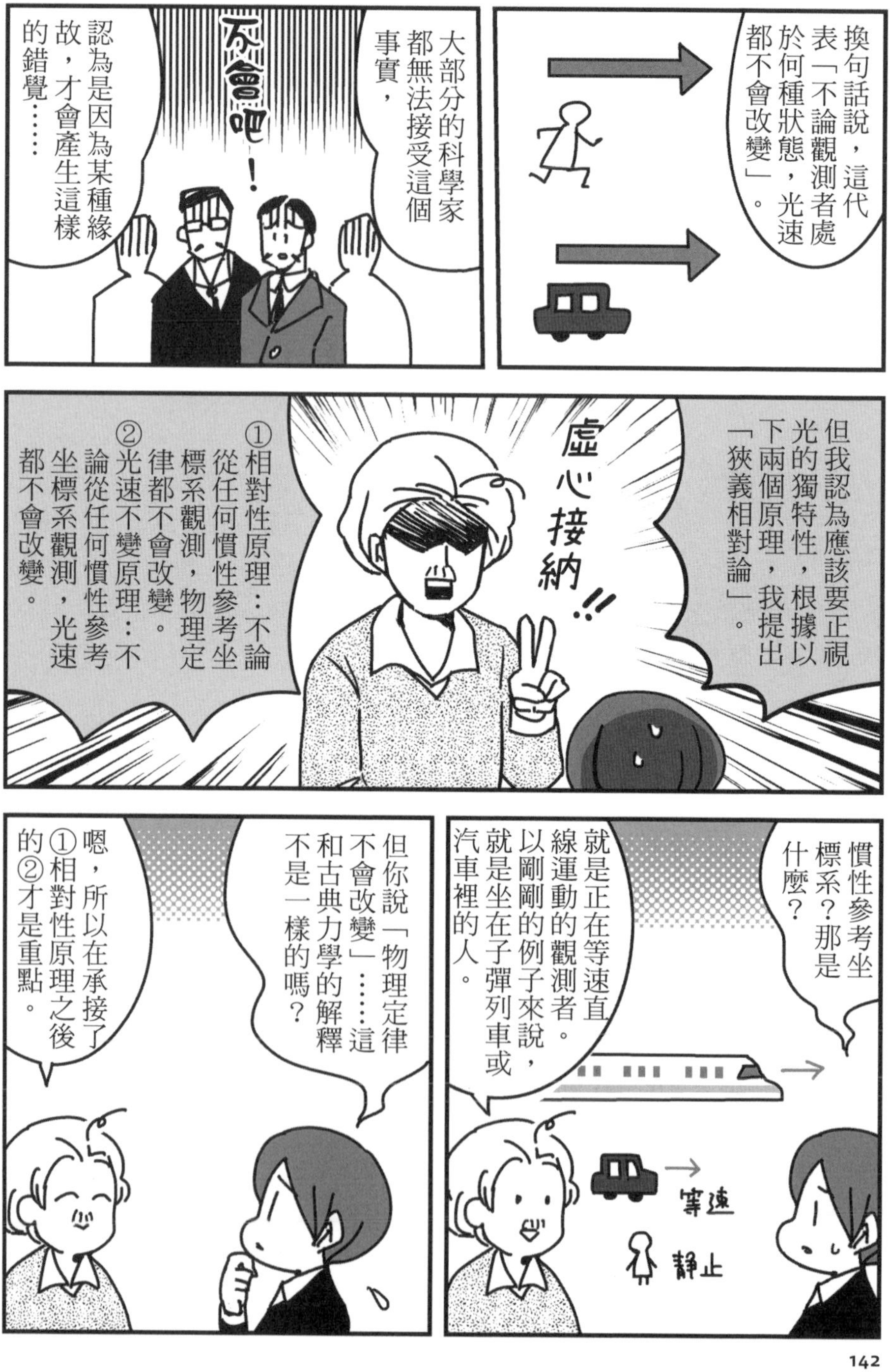
換句話說，這代表「不論觀測者處於何種狀態，光速都不會改變」。
大部分的科學家都無法接受這個事實，
不會吧！
認為是因為某種緣故，才會產生這樣的錯覺……
但我認為應該要正視光的獨特性，根據以下兩個原理，我提出「狹義相對論」。
虛心接納!!
①相對性原理：不論從任何慣性參考坐標系觀測，物理定律都不會改變。
②光速不變原理：不論從任何慣性參考坐標系觀測，光速都不會改變。
慣性參考坐標系？那是什麼？
就是正在等速直線運動的觀測者。以剛剛的例子來說，就是坐在子彈列車或汽車裡的人。
等速
靜止
但你說「物理定律不會改變」……這和古典力學的解釋不是一樣的嗎？
嗯，所以在承接了①相對性原理之後的②才是重點。

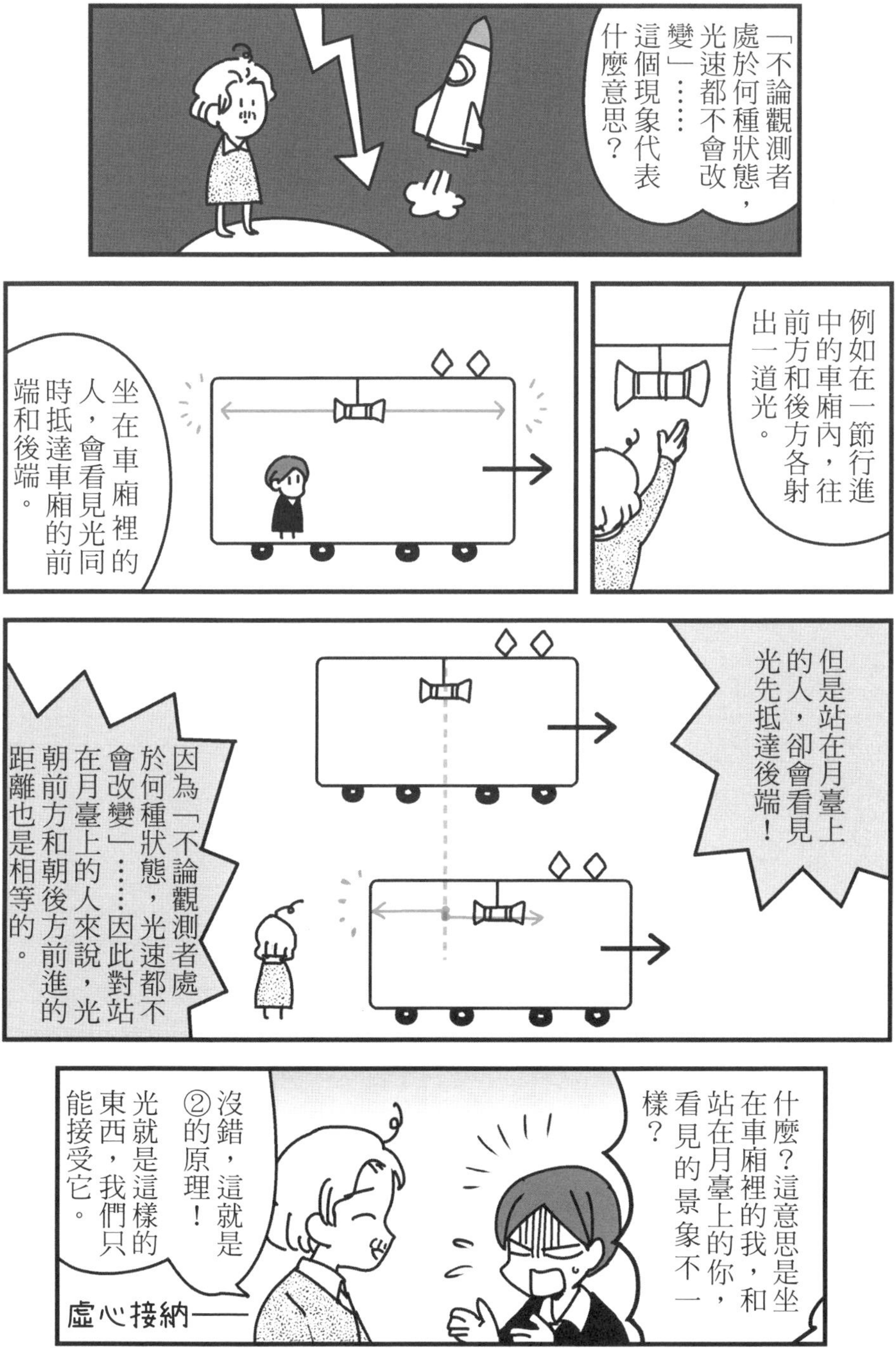
「不論觀測者處於何種狀態，光速都不會改變」……這個現象代表什麼意思？
例如在一節行進中的車廂內，往前方和後方各射出一道光。
坐在車廂裡的人，會看見光同時抵達車廂的前端和後端。
但是站在月臺上的人，卻會看見光先抵達後端！
因為「不論觀測者處於何種狀態，光速都不會改變」……因此對站在月臺上的人來說，光朝前方和朝後方前進的距離也是相等的。
什麼？這意思是坐在車廂裡的我，和站在月臺上的你，看見的景象不一樣？
沒錯，這就是②的原理！光就是這樣的東西，我們只能接受它。
虛心接納——

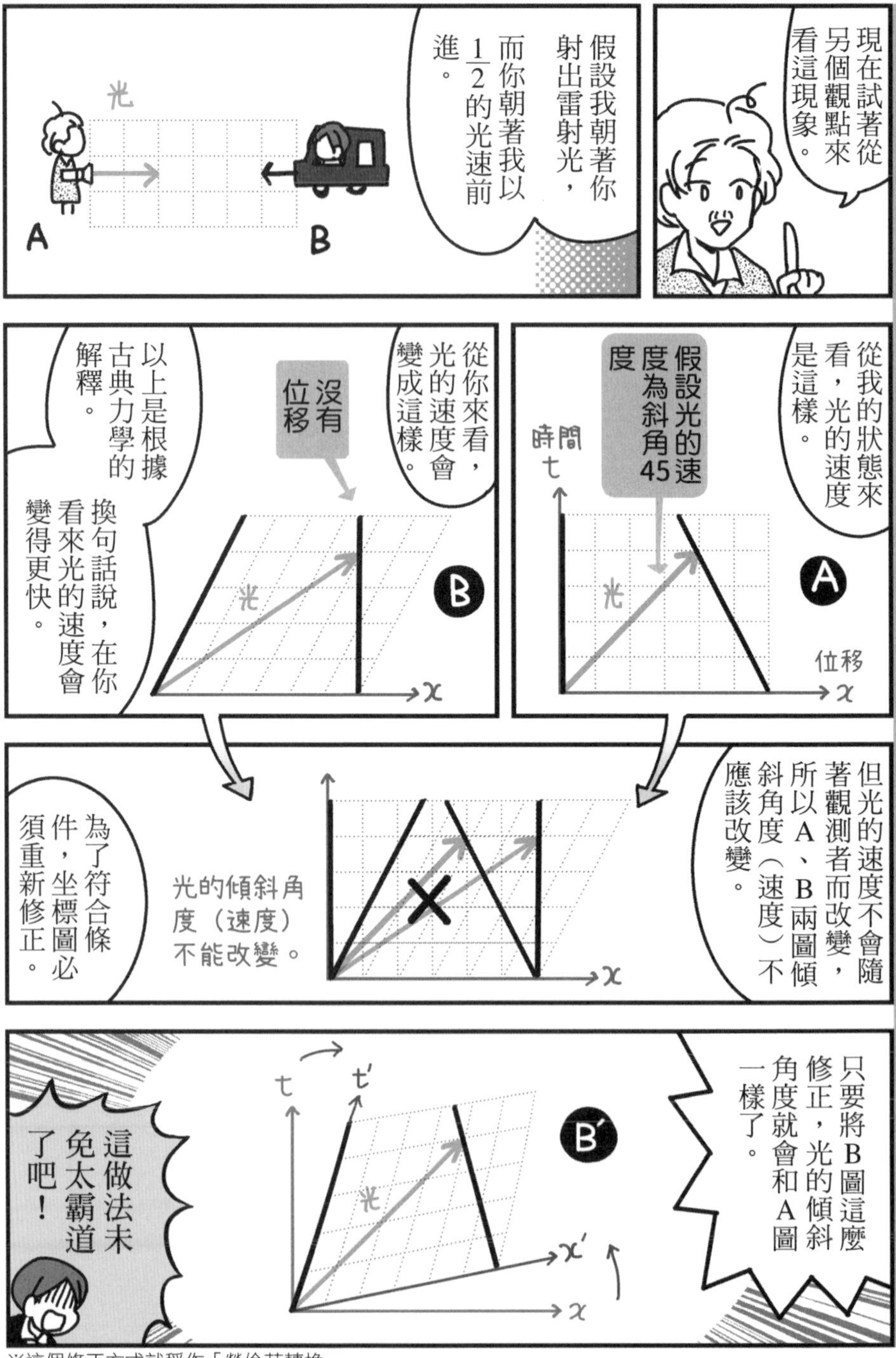
現在試著從另個觀點來看這現象。
假設我朝著你射出雷射光，而你朝著我以$\frac{1}{2}$的光速前進。
光
A
B
從我的狀態來看，光的速度是這樣。
假設光的速度為斜角45度
時間
t
光
位移
x
A
從你來看，光的速度會變成這樣。
沒有位移
光
x
B
以上是根據古典力學的解釋。
換句話說，在你看來光的速度會變得更快。
但光的速度不會隨著觀測者而改變，所以A、B兩圖傾斜角度（速度）不應該改變。
光的傾斜角度（速度）不能改變。
x
為了符合條件，坐標圖必須重新修正。
只要將B圖這麼修正，光的傾斜角度就會和A圖一樣了。
B′
t
t′
光
x′
x
這做法未免太霸道了吧！

※這個修正方式就稱作「勞倫茲轉換」。

總之，不論從任何慣性參考坐標系觀測，光速都必須不變。所以不管是運動狀態還是時間的流動狀態，都會依慣性參考坐標系而有所不同。
這就是狹義相對論。
呃……所以說我們不應該以時間為基準，而應該以光速為基準？
是的！
讓我來舉個有名的例子吧！
把手放在灼熱的火爐上一分鐘，
燙燙燙
以及和可愛的女孩子相處一分鐘，時間的流動速度並不相同，對吧？
所以時間也是一種相對的概念。
而且當我們將狹義相對論繼續推導下去……會發現質量和能量之間有著互換關係。
E=mc²
終於出現了！全世界最有名的公式！
這就是核能運用上相當著名的公式。
能量
質量
E=mc²
光速

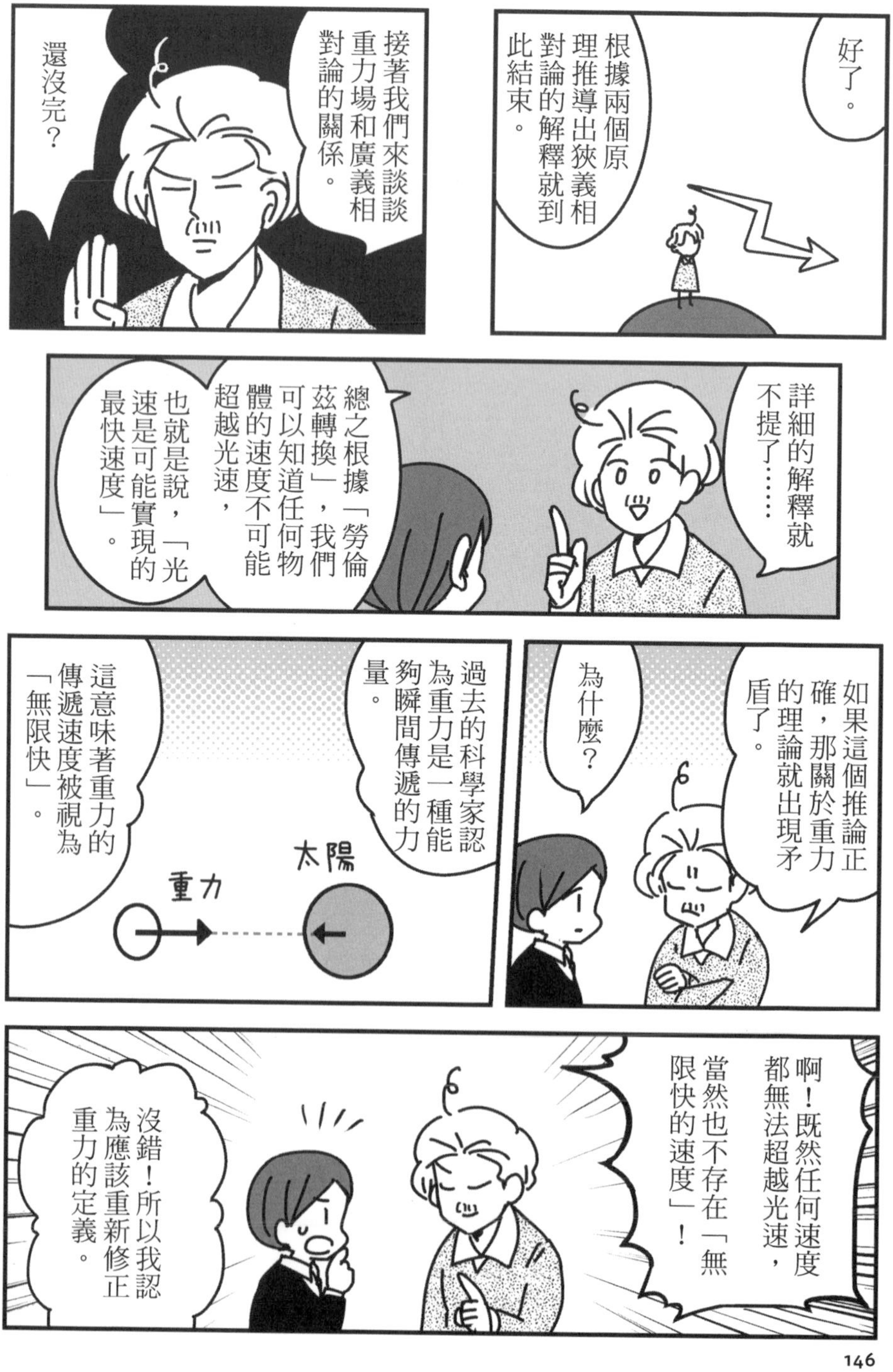
好了。
根據兩個原理推導出狹義相對論的解釋就到此結束。
接著我們來談談重力場和廣義相對論的關係。
還沒完？
詳細的解釋就不提了……
總之根據「勞倫茲轉換」，我們可以知道任何物體的速度不可能超越光速，
也就是說，「光速是可能實現的最快速度」。
如果這個推論正確，那關於重力的理論就出現矛盾了。
為什麼？
過去的科學家認為重力是一種能夠瞬間傳遞的力量。
這意味著重力的傳遞速度被視為「無限快」。
太陽
重力
啊！既然任何速度都無法超越光速，當然也不存在「無限快的速度」！
沒錯！所以我認為應該重新修正重力的定義。

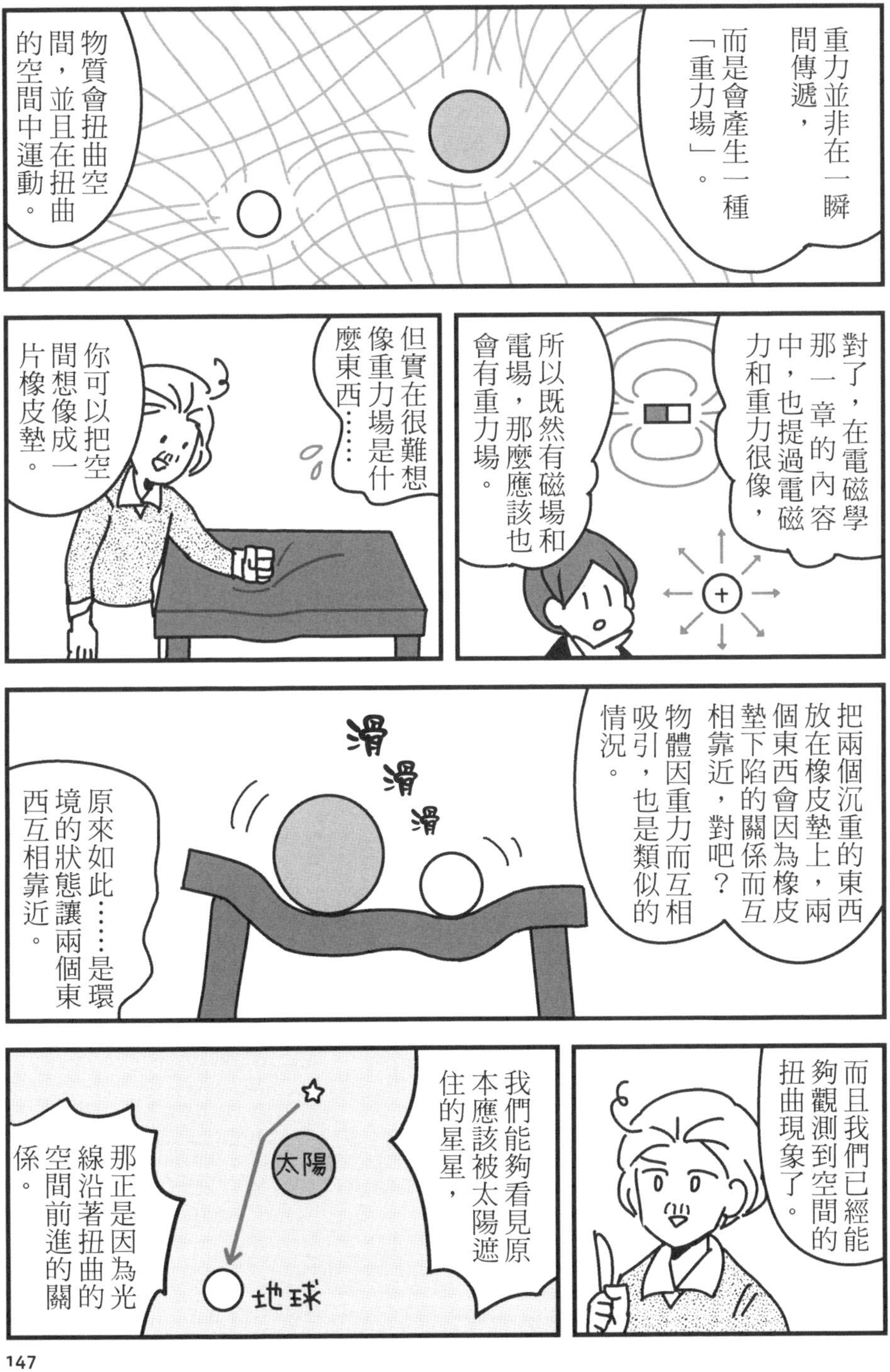

重力並非在一瞬間傳遞，而是會產生一種「重力場」。
物質會扭曲空間，並且在扭曲的空間中運動。
對了，在電磁學那一章的內容中，也提過電磁力和重力很像，
所以既然有磁場和電場，那麼應該也會有重力場。
但實在很難想像重力場是什麼東西……
你可以把空間想像成一片橡皮墊。
把兩個沉重的東西放在橡皮墊上，兩個東西會因為橡皮墊下陷的關係而互相靠近，對吧？物體因重力而互相吸引，也是類似的情況。
滑
滑
滑
原來如此……是環境的狀態讓兩個東西互相靠近。
而且我們已經能夠觀測到空間的扭曲現象了。
我們能夠看見原本應該被太陽遮住的星星，
太陽
地球
那正是因為光線沿著扭曲的空間前進的關係。

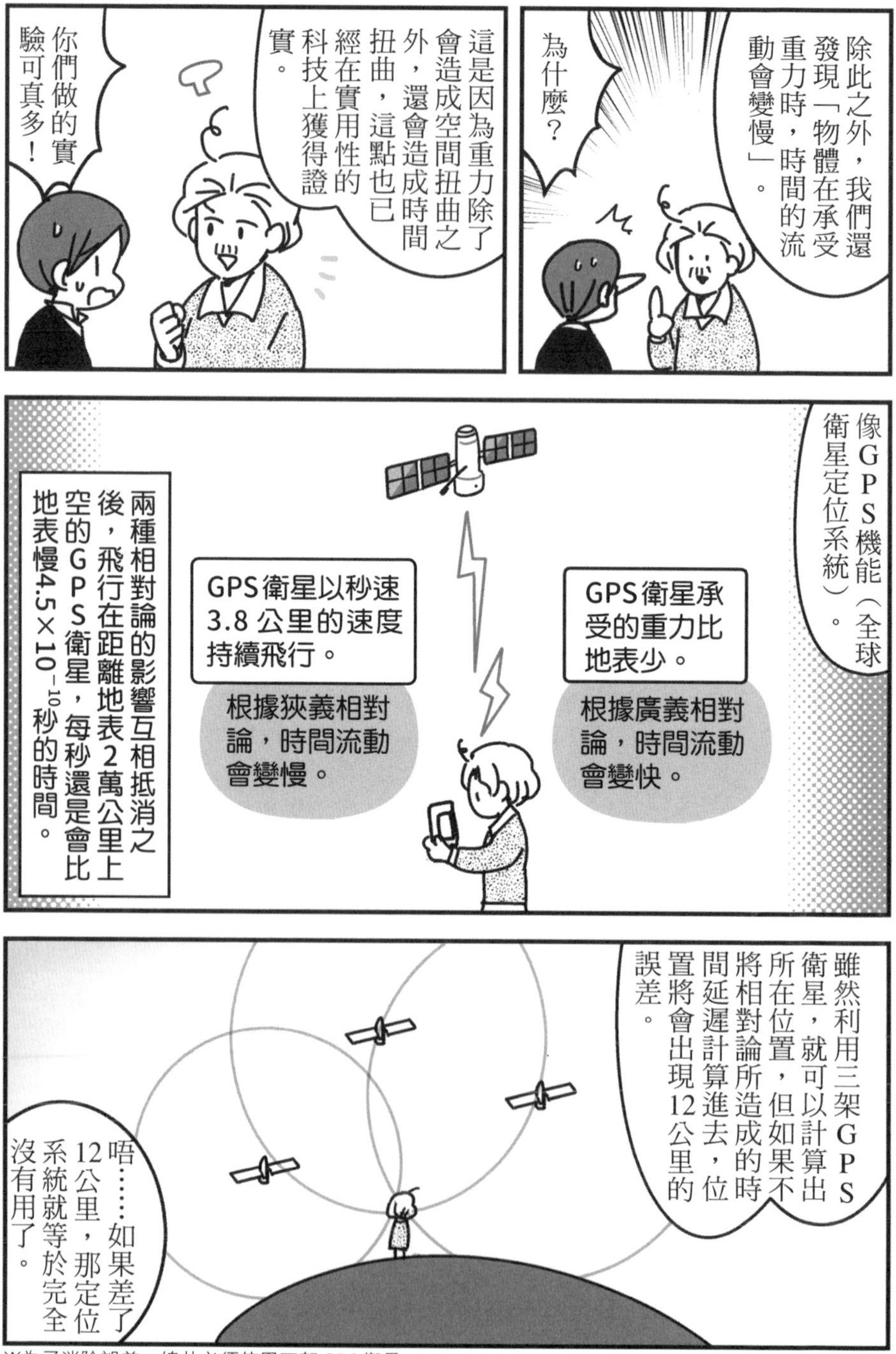
除此之外，我們還發現「物體在承受重力時，時間的流動會變慢」。
為什麼？
這是因為重力除了會造成空間扭曲之外，還會造成時間扭曲，這點也已經在實用性的科技上獲得證實。
你們做的實驗可真多！
像GPS機能（全球衛星定位系統）。
GPS衛星承受的重力比地表少。
根據廣義相對論，時間流動會變快。
GPS衛星以秒速3.8公里的速度持續飛行。
根據狹義相對論，時間流動會變慢。
兩種相對論的影響互相抵消之後，飛行在距離地表2萬公里上空的GPS衛星，每秒還是會比地表慢4.5×10^{-10}秒的時間。
雖然利用三架GPS衛星，就可以計算出所在位置，但如果不將相對論所造成的時間延遲計算進去，位置將會出現12公里的誤差。
唔……如果差了12公里，那定位系統就等於完全沒有用了。

※為了消除誤差，總共必須使用四架GPS衛星。

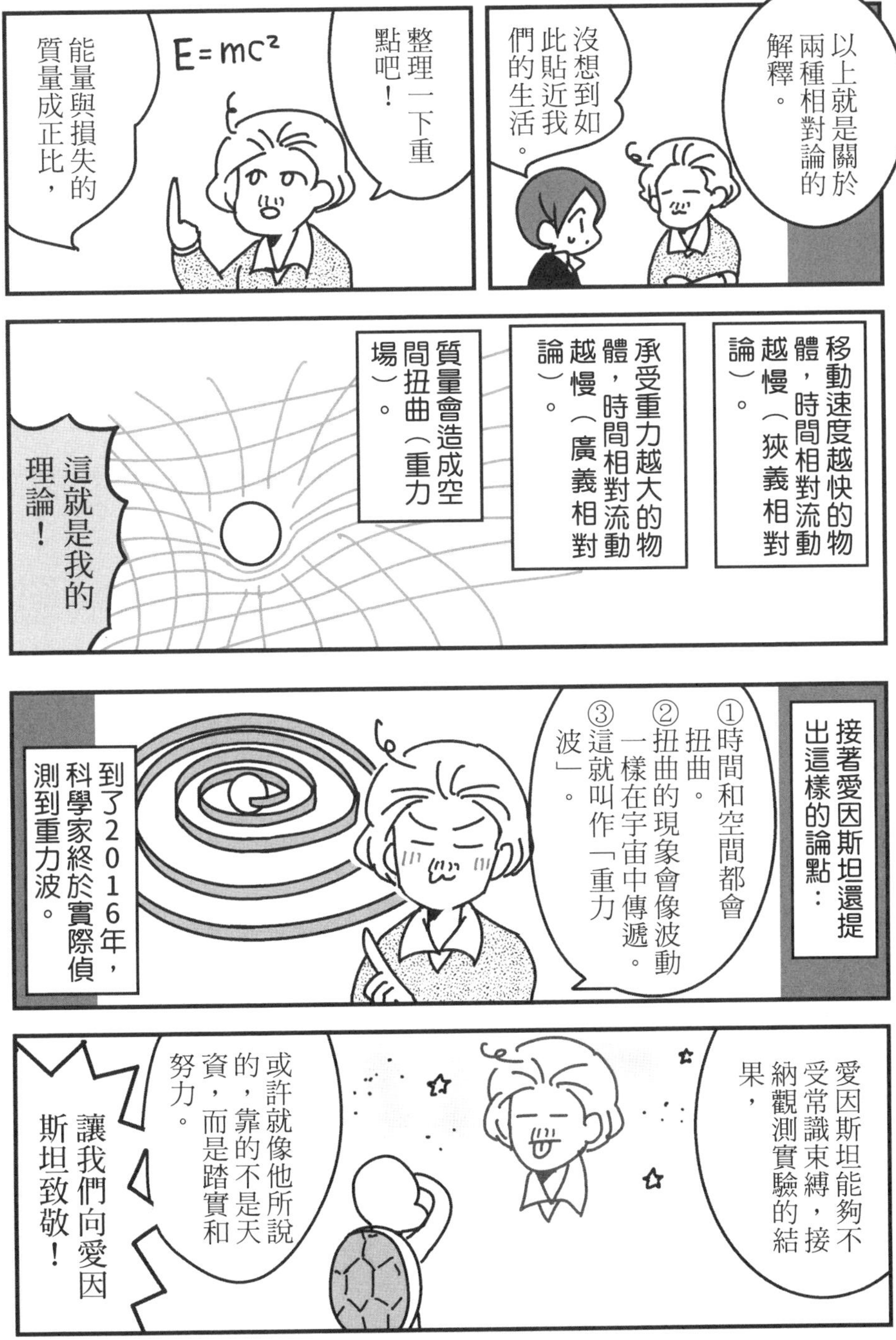
以上就是關於兩種相對論的解釋。
沒想到如此貼近我們的生活。
整理一下重點吧！
E=mc²
能量與損失的質量成正比，
移動速度越快的物體，時間相對流動越慢（狹義相對論）。
承受重力越大的物體，時間相對流動越慢（廣義相對論）。
質量會造成空間扭曲（重力場）。
這就是我的理論！
接著愛因斯坦還提出這樣的論點：
①時間和空間都會扭曲。
②扭曲的現象會像波動一樣在宇宙中傳遞。
③這就叫作「重力波」。
到了2016年，科學家終於實際偵測到重力波。
愛因斯坦能夠不受常識束縛，接納觀測實驗的結果，
或許就像他所說的，靠的不是天資，而是踏實和努力。
讓我們向愛因斯坦致敬！

題外話 5

對於年輕一輩的量子力學研究者而言，能夠和波耳見面是一件很光榮的事情，
嗯—
我想要像拉塞福老師一樣和年輕人對話……
但同時也是苦差事。
我認為海森堡的不確定性原理，背後似乎隱藏著某種互補性的原理。
欸?!
嘀咕
嘀咕
請筆記！簡單來說，就是像陰陽的概念一樣，有一種相反的要素……
因為他喜歡一邊思考一邊說話，而且還會讓學生把內容寫下來。
保羅・狄拉克也曾經被波耳叫來談話。
嗨，狄拉克。
我跟你說，我認為物質波的疊合……
這就是說……
到頭來就是……
……
呃……

……你不做筆記嗎？
我從前在學校裡學過「寫文章之前必須掌握明確的結論」。
……
我身邊聚集了不少怪人，狄拉克是最怪的一個。
？
波耳曾說出這樣的感想。但是對於從小在父親的嚴格教育中長大的狄拉克而言，跟在波耳身邊做研究似乎是很快樂的一件事。
老師，我不接受你的互補性原理，因為你沒辦法以方程式描述出來。
是嗎？
嗯
狄拉克是一個典型的數學家，他最著名的發現被稱為「狄拉克方程式」。
我想出能夠結合量子力學和相對論的方程式了！
$i\gamma^{\mu}\partial_{\mu}\psi(x) - m\psi(x) = 0$

這個方程式完美描述電子的旋轉運動。
但是……
在你的方程式裡出現的負能量指的是什麼？
……不清楚。
你不清楚？
……
……
……
好歹說句話吧！
狄拉克非常沉默寡言，因此有人將一小時說一句話戲稱為「一狄拉克單位」。
後來另一名科學家安德森，
我發現了「正電子」，這是種質量和電子相同，但擁有相反電荷的粒子。
成對
電子
證明了狄拉克方程式顯示出「反粒子成對生成」的可能性。
對於這一點，狄拉克說了這樣的感想：
我的方程式比我還聰明。
原來那個方程式透露出我們所不知道的粒子。
哇—

※不過狄拉克其實早已預言了正電子的存在，而且還獲得了諾貝爾獎。

狄拉克的古怪行徑，不止這些。據說蘇聯物理學家卡皮察曾經推薦他讀杜斯妥也夫斯基的《罪與罰》，事後問他感想。
「裡頭有一天竟然提到兩次太陽東升。」
他這麼回答。
還有一次他對客人說：
我來介紹……這位是物理學家威格納的妹妹。
咦？
這是重點嗎？
有人這樣介紹自己的太太嗎？
此外演講會上還發生過這樣的狀況：
有什麼問題嗎？
我看不懂黑板左上角的公式。
這是感想，不是問題。下一位。
毫不理會
不知該說你是個怪人？還是個典型的數學家？
有多怪？舉得出其他例子嗎？
對不起，當我沒說。
狄拉克就是這樣的人。

科學小專欄④

我，狄拉克，本來想拒絕諾貝爾獎，但是有人警告我「如果拒絕反而會更受到世人關注」，所以才決定接受。

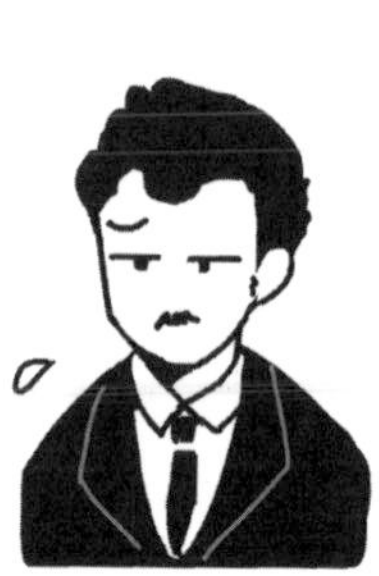

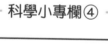

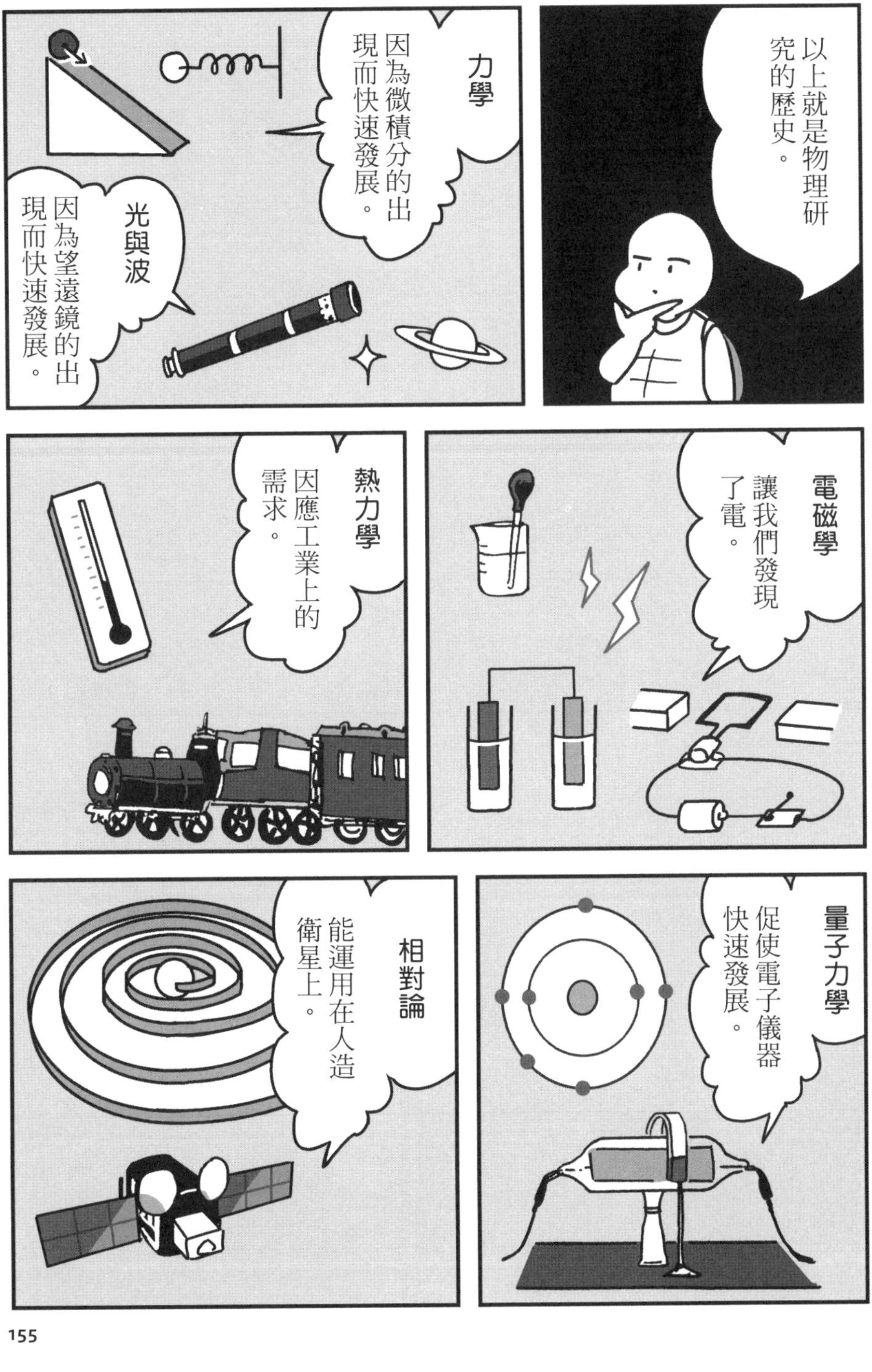
以上就是物理研究的歷史。
力學
因為微積分的出現而快速發展。
光與波
因為望遠鏡的出現而快速發展。
電磁學
讓我們發現了電。
熱力學
因應工業上的需求。
量子力學
促使電子儀器快速發展。
相對論
能運用在人造衛星上。

亞里斯多德
太陽和月亮繞著地球轉。
他說了這些話。
伽利略
地球繞著太陽轉。
他說了這些話。
天文學家沙普利
銀河系的中心並不是太陽（太陽也繞著其他東西轉）。
他說了這些話。
同樣身為天文學家的哈伯
銀河系的外頭還有銀河系。
他說了這些話。
這麼看下來，不禁讓人深深感覺到，知識是不斷的改變，沒有什麼是永恆不變的真理。
你說錯了啦！
那你也沒說對呀！

但是這些不斷「推翻」和「發現」的過程，
正是科學家將自己的一生奉獻給物理學的最佳證據。
科學家都有著平凡的一面，但他們靠著不斷的努力，逐漸累積了物理學上的成果……
這正是我們唯一能肯定的事情吧！

如果本書能夠讓你對物理學產生興趣，將是我最開心的事。
期待物理學的今後發展。

後記

◉物理真的很有趣！

還記得讀高中的時候，有一天心血來潮，我突然想要嘗試楊格的雙狹縫實驗，也就是本書第47頁所介紹的干涉實驗。於是找來厚紙板，切割出細縫，以雷射光照射，雖然實驗器具相當簡陋，但我真的看見了光的紋路，那股興奮的心情，至今依然記得清清楚楚。

物理是一種能夠親眼證實的學問！
研究物理不需要任何特別的資格！

後來，我有機會查了一些科學家的生平事蹟。不禁心想，他們當初在實驗時，內心的悸動一定比我還強烈許多吧！有了這樣的想法，我深深覺得這些科學家其實距離我們非常近。

◉關於本書中的漫畫……

針對物理學的內容，承蒙日本橫川淳老師的寶貴意見，尤其是關於相對論的知識，老師的著作可說是提供非常大的幫助。

除此之外，也承蒙日本技術評論社書籍編輯部的佐藤丈樹先生長期以來持續提供各種建議。

在此致上由衷的謝意。

参考文献

『改訂版 物理』國友正和ほか（数研出版）

『改訂版 物理基礎』國友正和ほか（数研出版）

『振動・波動』小形正男（裳華房）

『電磁気学』田中秀数（培風館）

『熱・統計力学』戸田盛和（岩波書店）

『量子力学』砂川重信（岩波書店）

『相対性理論』内山龍雄（岩波書店）

『量子論はなぜわかりにくいのか』吉田伸夫（技術評論社）

『エントロピーをめぐる冒険』鈴木炎（講談社）

『光と電磁気』小山慶太（講談社）

『「相対性理論」を楽しむ本』佐藤勝彦（PHP研究所）

『重力とは何か』大栗博司（幻冬舎）

『気楽に物理』横川淳（ベレ出版）

ブログ『カガクのじかん』横川淳 https://kagakunojikan.net/

『物理学天才列伝（上）（下）』ウィリアム・H・クロッパー（講談社）

『物理学の歴史』竹内均（講談社）

『ニュートンの海』ジェイムズ・グリック（日本放送出版協会）

『ガリレオの求職活動 ニュートンの家計簿』佐藤満彦（中央公論社）

『量子革命』マンジット・クマール（新潮社）

『電気と磁気の歴史』重光司（東京電機大学出版局）

『ケンブリッジの天才科学者たち』小山慶太（新潮社）

『肖像画の中の科学者』小山慶太（文藝春秋）

『ニールス・ボーアの時代1』アブラハム・パイス（みすず書房）

『量子の海、ディラックの深淵』グレアム・ファーメロ（早川書房）

國家圖書館出版品預行編目(CIP)資料

漫畫科學講堂：看物理學家如何提出今日自然課本裡的定律與真理 / 龜著 ; 李彥樺譯. -- 初版. -- 新北市 : 小熊出版 : 遠足文化發行, 2020.11
160面 ; 14.8×21公分. -- (廣泛閱讀)
ISBN 978-986-5503-89-5(平裝)

1.科學 2.歷史 3.漫畫

309 109016346

廣泛閱讀
漫畫科學講堂：看物理學家如何提出今日自然課本裡的定律與真理
作者：龜｜翻譯：李彥樺｜審訂：簡麗賢（臺北市立第一女子高級中學物理教師）

總編輯：鄭如瑤｜主編：劉子韻｜美術編輯：李鴻怡｜行銷副理：塗幸儀

社長：郭重興｜發行人兼出版總監：曾大福
業務平臺總經理：李雪麗｜業務平臺副總經理：李復民｜海外業務協理：張鑫峰
特販業務協理：陳綺瑩｜實體業務經理：林詩富｜印務經理：黃禮賢｜印務主任：李孟儒
出版與發行：小熊出版．遠足文化事業股份有限公司
地址：231 新北市新店區民權路 108-2 號 9 樓｜電話：02-2218-1417 ｜傳真：02-8667-1851
劃撥帳號：19504465 ｜戶名：遠足文化事業股份有限公司
客服專線：0800-221-029 ｜客服信箱：service@bookrep.com.tw
E-mail：littlebear@bookrep.com.tw ｜ Facebook：小熊出版
讀書共和國出版集團網路書店：http://www.bookrep.com.tw
團體訂購請洽業務部：02-2218-1417 分機 1132、1520

法律顧問：華洋國際專利商標事務所／蘇文生律師｜印製：天浚有限公司
初版一刷：2020 年 11 月｜定價：320 元｜ ISBN 978-986-5503-89-5

小熊出版讀者回函　小熊出版官方網頁